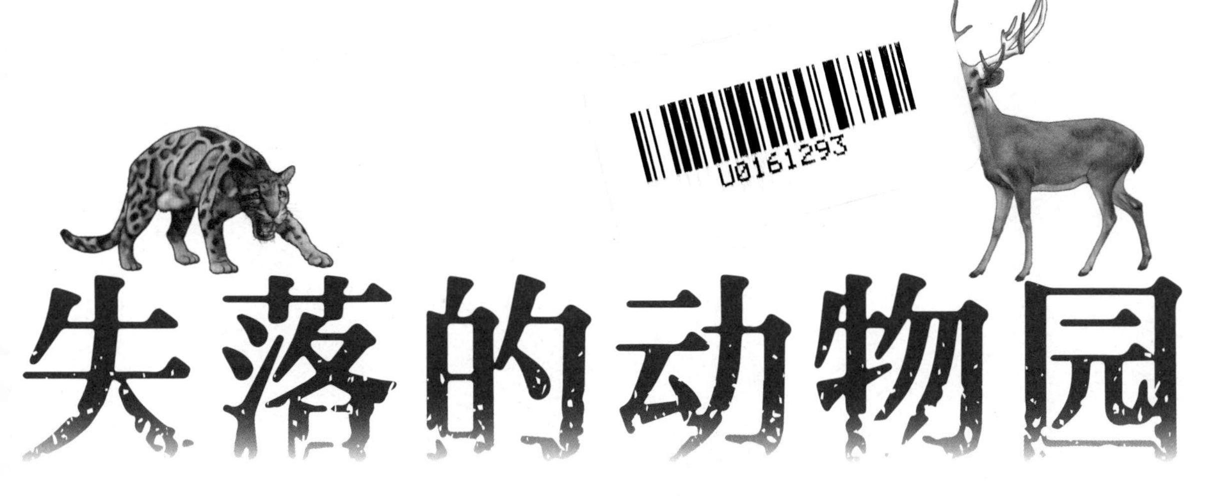

失落的动物园

世界灭绝动物故事 2

张楠 郭耕 编著
李岩 佟欣悦 绘

化学工业出版社
·北京·

这是一套以动物灭绝的真实事件为主要内容的、兼具知识性和趣味性的科普读物。书中收录了数十种来自各大洲、在工业革命以后由于人类活动而灭绝消失的动物，它们曾经与人类共同存在于这颗星球上，如今却永远离开了。

书中不仅有流畅的文字叙述，还加入了精美的插图、有趣的漫画和相关的大数据，能让读者直观地看到这些已经灭绝的动物长什么样、如何生活，它们是如何被人类发现，它们的种群又是如何走向穷途末路的。

阅读这套图书，看到动物们可爱的样子和它们不可逆转的灭绝，定能激起人类的遗憾与共鸣，让孩子们真切地了解人类活动对生态造成的影响，形成全球性的生态观。

图书在版编目（CIP）数据

失落的动物园：世界灭绝动物故事. 2/ 张楠，郭耕编著. —北京：化学工业出版社，2022.3（2022.6重印）

ISBN 978-7-122-40555-5

Ⅰ. ①失… Ⅱ. ①张… ②郭… Ⅲ. ① 动物—普及读物 Ⅳ. ① Q95-49

中国版本图书馆 CIP 数据核字（2021）第 278939 号

审图号：GS（2022）72 号

责任编辑：张素芳　王思慧

责任校对：宋　夏

装帧设计：溢思工作室 / 张博轩　内文设计：梁　潇

出版发行：化学工业出版社（北京市东城区青年湖南街 13 号　邮政编码 100011）

印　　装：北京瑞禾彩色印刷有限公司

787mm × 1092mm　1/16　印张 12½　字数 100 千字

2022 年 6 月北京第 1 版第 2 次印刷

购书咨询：010-64518888　售后服务：010-64518899

网　　址：http://www.cip.com.cn

凡购买本书，如有缺损质量问题，本社销售中心负责调换。

定　价：59.80 元

版权所有　违者必究

序言

气候变化异常、生物多样性丧失、瘟疫爆发是当下地球人类面临的三大棘手问题，三者的关系紧密而耐人寻味。物种大灭绝是生物多样性丧失最直白的呈现和描述，气候异常将推动上百万的物种走向灭绝。而众多物种的消失，又会使原本寄生于众多宿主身上的病毒，纷纷转移到人身上，进而引发新的疫病。如此恶性循环。

我作为一个科普工作者，调查了太多物种灭绝的因果，甚至亲历了一个物种“白暨豚”的灭绝。对此深感痛心的同时，也希望能够通过一些努力，唤醒人们的自然环保意识。可惜，绝大多数人们很难直观感受物种灭绝和生态环境的变化对人类有什么影响。如今全球肆虐的新冠疫情却给了人们一记重拳。因而，目前正是此类警示性的作品应运而生的时刻！开展生物多样性丧失或物种灭绝的警示教育刻不容缓。自然或环境教育的特点有别于其他教育的地方就是，不仅传授知识，更传播意识——环境意识、生命意识、人与自然和谐共存意识、生命共同体意识等。让孩子们理解人与自然是一种共生关系，了解人类活动对生态平衡造成的影响，从而让他们从小就树立与包括野生动物在内的自然万物和谐共处，与自然和谐共生的观念，并变成今后的自觉行动，是一件意义重大的事情。这也是我们创作这套《失落的动物园：世界灭绝动物故事》的初衷。

写给孩子们的科普书更应该精益求精，首先尽量避免科学上的谬误；其次，应该生动活泼地给孩子们介绍尽可能多的知识，而不是因为“哄孩子”就敷衍糊弄。这套书就很好地做到了这两点。书中收录了数十种来自各大洲、在工业革命以后由于人类活动而灭绝消失的动物。内容上不仅仅是根据多年跟踪研究以及大量积累的素材精心创作，还参考了大量国外学者一手的研究成果。这套书从博物学的角度，把人类、自然和动物作为一个生态整体，把精心挑选的科学知识，改编成孩子喜欢的科学故事，配上风趣幽默的小漫画，让孩子们也能轻松阅读，寓教于乐。同时，每个故事也配套写实风格的动物图像，让孩子们非常真切直观地了解动物长什么样。此外，书中每个故事后面，都以大数据的形式，集中呈现与该动物有关的各种知识，每一句话就

是一个知识点，在有限的篇幅内大大提升了知识的浓度，可谓是干货满满。

北宋大家张载曾言“为天地立心，为生民立命，为往圣继绝学，为万世开太平”，我借用并转述为“为天地立心，为生灵立命，为往生继绝学，为万世开太平”，其中的“绝学”和本系列图书的主题物种灭绝相呼应，这样的表述正是人与自然可持续发展的最佳注解。

本书在编撰过程中，得到了北京麋鹿生态实验中心科研科普工作者的支持和帮助。部分章节由他们主笔编写。这些章节包括：胡冀宁主笔的欧洲野马，苏文龙主笔的大海雀和新疆虎，朱明淏主笔的墨西哥灰熊和台湾云豹，朱佳伟主笔的亚洲犀牛和平塔岛象龟，刘田主笔的斯蒂芬岛异鹩，等等。在此，谨向他们致以诚挚的感谢。

郭　耕

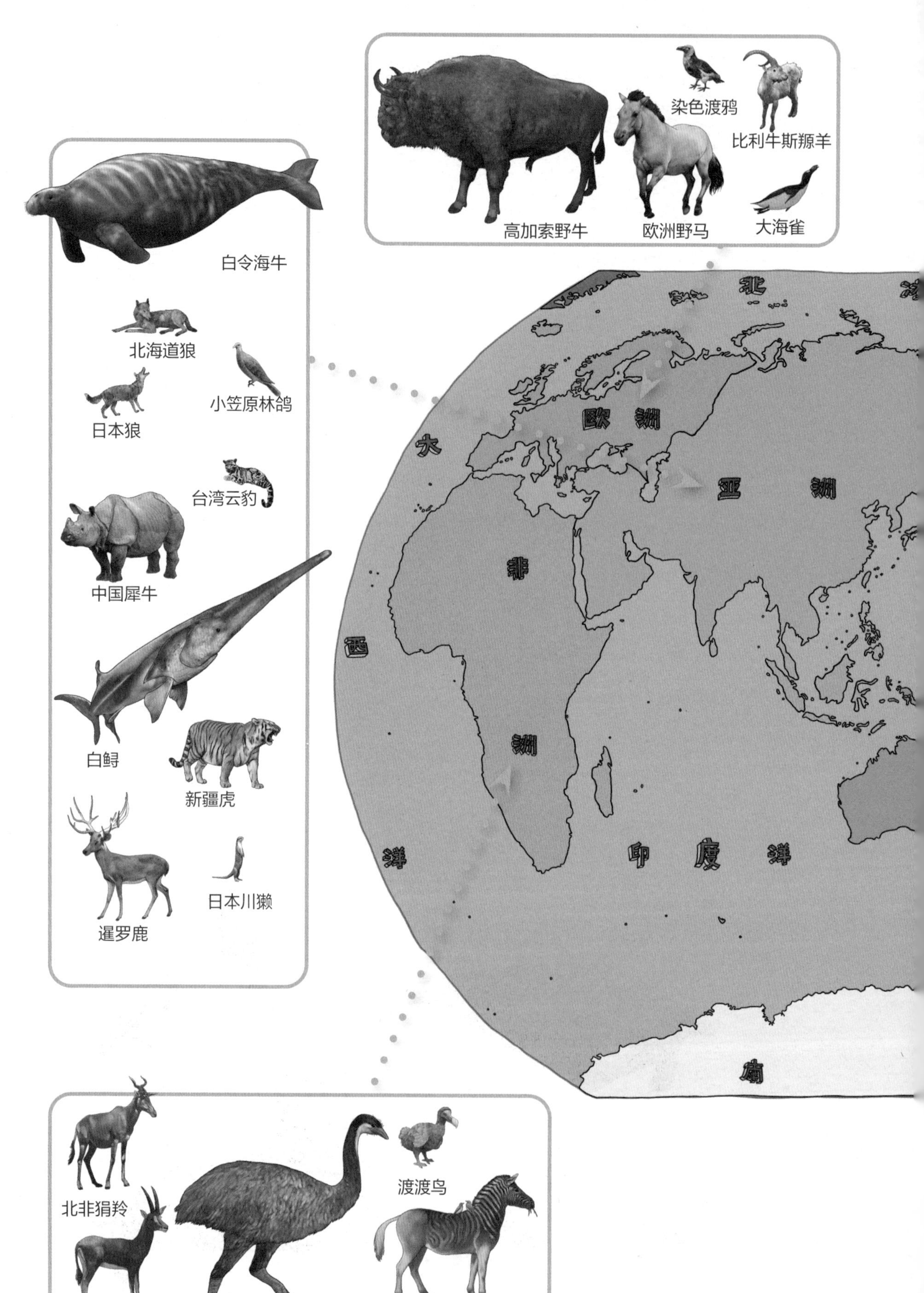

染色渡鸦
比利牛斯羱羊
高加索野牛
欧洲野马
大海雀
白令海牛
北海道狼
小笠原林鸽
日本狼
台湾云豹
中国犀牛
白鲟
新疆虎
日本川獭
暹罗鹿
北
欧洲
亚洲
大
西
洋
非
洲
印度洋
南
北非狷羚
蓝马羚
象鸟
渡渡鸟
斑驴

海滨灰雀
旅鸽
卡罗来纳鹦鹉
加勒比僧海豹
拉布拉多鸭
牙买加稻鼠
纽芬兰狼

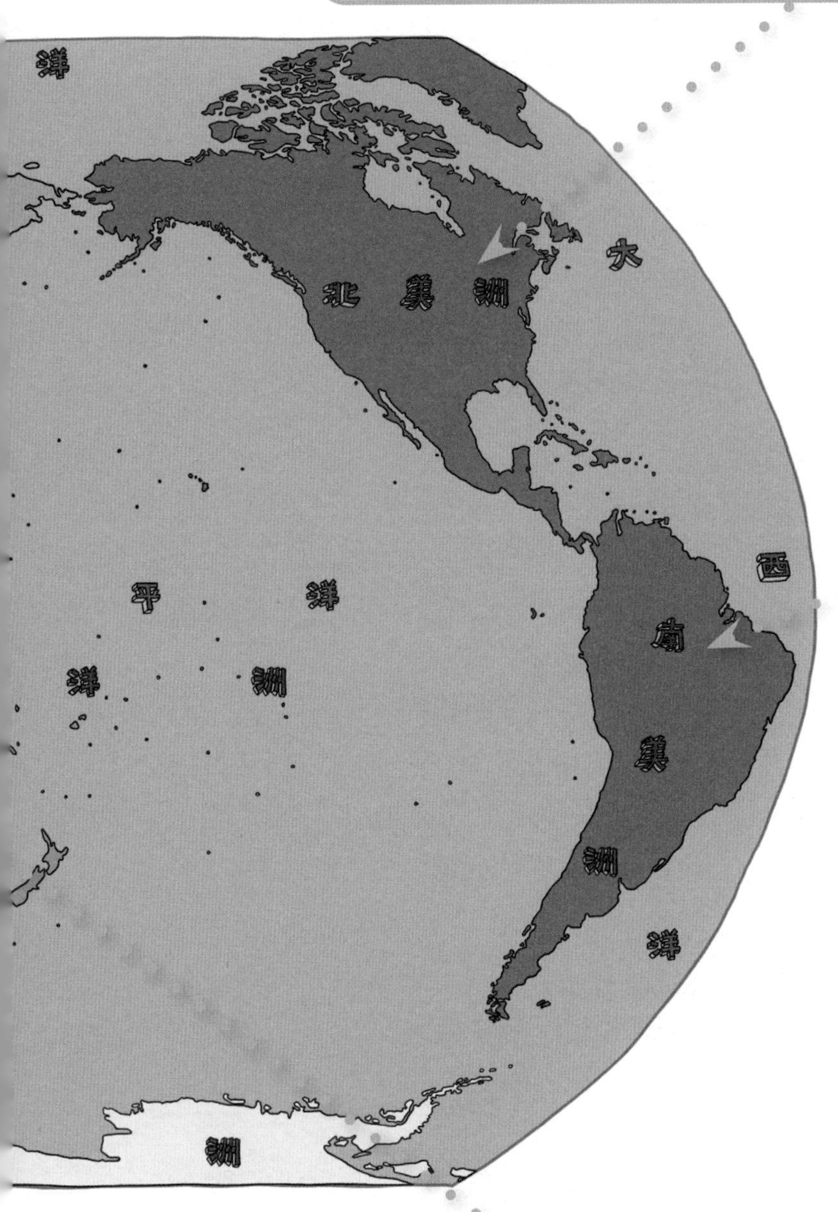
洋
北美洲
太
平
洋
洋
洲
西
南
美
洲
洋
洲

平塔岛象龟
福岛胡狼
墨西哥灰熊

褐兔袋鼠
兼嘴垂耳鸦
所罗门冕鸽
斯蒂芬岛异鹩
袋狼
豚足袋狸
小兔耳袋狸
图拉克袋鼠

目录

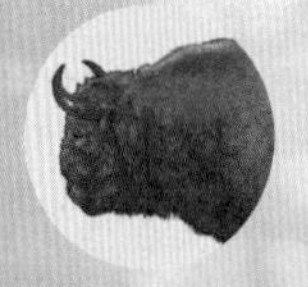

灭绝动物档案
斑驴
分类
奇蹄目、马科
头身长
约 2.5 米
体重
250 ~ 300 千克
肩高
1.2 ~ 1.3 米
寿命
野外约 20 年
特征
前半身有条纹，后半身没有
180cm
0cm

斑驴

前半身像斑马，后半身像驴

在 19 世纪初的英国，如果你想赚足回头率，可以架一辆由斑驴拉的四轮马车，走在街头绝对拉风。当年的伦敦警长约瑟夫 · 帕金斯，就是斑驴马车的忠实用户。每每驾车上街，总有爱看热闹的市民前呼后拥，真可谓风光一时。约瑟夫也为自己的两只斑驴感到自豪，毕竟，这种动物长得太奇特了。

斑驴的英文名为 quagga，来源于它独特的叫声“kwa-ga-ga”。19 世纪初，动物分类学还很落后，人们分不清楚各种产自非洲的、有条纹的马科动物。这类动物都被称作 quagga，斑驴也不例外。

斑驴的长相独树一帜，身体通常是深棕色的，头颈部位有明显的条纹，到了身体中间部分条纹就逐渐变淡消失，而后半身就全都是一片棕色了；它的四肢和尾巴都是白色的。矮壮的体型与其说像马，不如说像驴子。当然，令约瑟夫中意的不仅只是外观，这种原产自南非的马科动物，四肢强健、肌肉发达，不仅跑得快、柔韧性强，还不易患上家马的疾病。实际上，当时的欧洲人已经在尝试斑驴和家马杂交了。

可惜，斑驴和家马杂交的想法不久便宣告搁浅。1883 年，全世界最后一只斑驴死于荷兰阿姆斯特丹动物园中，这种漂亮的大型食草动物，悄无声息地步了渡渡鸟的后尘。在非洲灭绝动物名单上，斑驴一直是备受瞩目、引人追思的成员。

地球上现存三种斑马——平原斑马、山斑马和细纹斑马。20世纪80年代，人类利用DNA检测技术，将博物馆中斑驴标本的DNA与各种马科动物的DNA进行比对，发现斑驴不是一个独立物种，而是平原斑马的亚种。

时间回溯到18世纪，在南非的好望角到奥兰治的广阔土地上，常能见到斑驴的身影。当时它们的数量非常多，成百上千头结伴同行，驰骋在繁花锦簇的大草原上。它们有条纹的帅脑袋挤在一起品尝鲜草，雪白的尾巴左右甩动，整齐划一；一群群斑驴边吃草边游荡，渴了就到河边喝几口清澈的河水；吃饱喝足之后，就三五成群地在草地上散步、晒太阳，或者在沙坑里打滚，困倦时就卧在地上睡一会儿；可爱的牛椋鸟在它们的背上蹦来蹦去，孤傲的老鹰在蔚蓝的天空中自由翱翔……这是一幅多么美好的画面啊！

斑驴是警惕性很高的动物，每当它们睡觉的时候，群里总会有一个成员替大家站岗放哨。在自然界中，斑驴常常和角马、鸵鸟混群吃草。三种动物在视力、听力和嗅觉方面取长补短，就能有效地避免成为天敌的盘中餐。斑驴属于平原斑马这一物种，据说其最高奔跑速度可超过60千米/时，即便是百兽之王——狮子，想抓住健壮的斑驴也并不是件容易的事。

但是在装备有马匹、火枪和套索的欧洲人面前，斑驴就难逃灭顶之灾了。19 世纪以来，很多人大肆捕杀斑驴，以贩卖斑驴皮为业，轻而易举地发了不义之财。牧场主们圈占草原，又担心斑驴和绵羊争抢牧草，因此对其横加驱赶。还有人把斑驴驯服作家畜的“保镖”，因为斑驴生性机敏，勇于攻击入侵者。

据说，1830 年前后，英格兰一度兴起用斑驴拉车的风气。伦敦动物园饲养的斑驴曾经拉着小车，为园里运送蔬菜和水果。但终究，这些斑驴只是被“驯服”，而从未被“驯化”，在人工饲养条件下，它们无法顺利繁殖。作为一种野生动物，斑驴本就桀骜不驯。19 世纪 60 年代，一只饲养在动物园中的斑驴，因不堪忍受长期的禁锢撞墙而亡，上演了一幕不自由毋宁死的悲壮大戏。

小贴士

早期荷兰人刚抵达南非时，从欧洲带去的马匹，因水土不服经常生病，人们就尝试用斑马拉车，但大多数斑马性情暴躁，只有性格相对温和的斑驴少数能被驯化。不过人类想要大量驯化斑驴的想法还是未能真正实现，斑驴不能在圈舍中繁殖，和牛、马之类的家畜有本质区别。

1836 年以后，野生的斑驴逐渐稀少，猎人们不得不去沙漠地带以及殖民地的边界搜寻。此后的几十年间，人类对斑驴的捕杀从未停止，就连斑驴繁殖、生育的季节，也不给它们喘息的机会。1878 年，最后一只野生斑驴被人类猎杀了。此时，在人们的日常生活中，还不乏斑驴皮张制品。

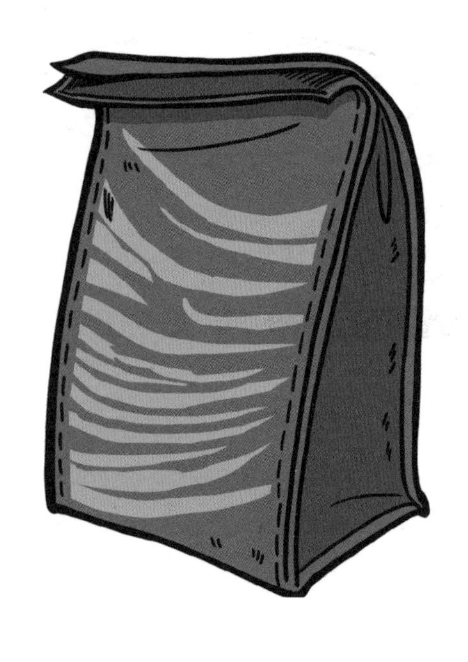

1883 年 8 月 12 日，世界上最后一只斑驴——饲养在荷兰阿姆斯特丹动物园的一只雌性斑驴，孤苦伶仃地在铁栏里生活了 16 年后，无可留恋地闭上了眼睛。从此，斑驴在地球上灭绝了。

1889 年，英国博物学家亨利 · 布赖登为之写道："这种动物是如此美丽，如此适合驯养和役用。它被发现时数量众多，不久却被杀戮一空。这无疑是当代文明的耻辱。"

时至今日，斑驴以其尖利的、带有警示意味的哭诉嘶鸣：夸嘎、夸嘎……一遍一遍提醒着人类，谨记这段悲伤的故事，珍惜大自然中每一个独特的生灵。

小贴士

1987 年，一个名为"斑驴计划"的项目在南非启动，目的是让斑驴"起死回生"。研究人员选出一批与斑驴长得相似的平原斑马，比如体色偏黄，腿上条纹较少的个体，然后将它们配对繁殖，再把后代中与斑驴相似的个体留下，再次配对繁殖。经过近三十年的努力，这些斑马的外形已经一代比一代更像斑驴了。

斑驴大数据

斑驴**科学发现于 1785 年**，发现者是荷兰博物学家彼得·博德哈特。

斑驴的拉丁文学名是*Equus quagga quagga*，直译成中文是“**夸嘎夸嘎的马**”。

最初人们**误以为斑驴是一个独立物种**，甚至猜测它是白氏斑马（一种已灭绝的斑马）中的雌性。

斑驴是**平原斑马的 6 个亚种之一**，大约 12 万～29 万年前从其他亚种里分化出来。

斑驴是分布区域最靠南的平原斑马亚种，其**栖息地的北部边界是奥兰治河**。

斑驴的**条纹个体差别很大**，有些斑驴几乎没有条纹，有些则遍布全身。斑驴的条纹像人的指纹一样具有辨识作用，没有两只斑驴有相同的条纹。

荷兰人之中流传着一个小笑话：当他们首次来到南非见到斑驴，还以为它是一只**忘了穿睡裤的斑马**。

人们对野生**斑驴的行为知之甚少**，历史文献中，斑马和斑驴的名字常常混用，让人无法确定哪种描述是针对斑驴的。

关于斑驴的第一条确切描述是英国少校**威廉·哈里斯**留下的。他记录了斑驴的分布区域。

斑驴是**食草动物**，主要生活在气候温和的草原和灌丛地带。在夜间，斑驴更喜欢栖息于低矮的草场，这样能防止被猛兽伏击。

斑驴是**群居动物**，一般以家庭为单位，聚成 30～50 只的小群。19 世纪初，由 25000 只斑驴组成的大群还很常见。

群体成员失散时，斑驴能**通过独特的叫声找到彼此**。有成员生病或受伤时，斑驴群会放慢行走速度等待和保护它。

斑驴有**每天清洁身体**的习惯。群体成员并排站着，相互蹭挠彼此难以触及的部位，比如脖子、鬃毛和背部，这样能清除寄生虫。

斑驴是**昼行性动物**，白天活动频繁，但夜间也会花大约 1 个小时吃草。

斑驴有**领地意识**，核心**领地**面积约 30 平方千米，但实际上它们可以游荡超过 600 平方千米。

斑驴是**一雄多雌**制的动物，繁殖时会组成“后宫群”。雄性之间经常发生撕咬、打斗事件，以获得雌性的占有权。

斑驴**没有固定的繁殖期**，幼崽在一年中的任何月份都可能出生，但出生高峰期在 12 月到下一年 1 月之间，此时是南非的雨季。

从现存的标本来看，**雌性斑驴的平均体型比雄性大**。

雌性斑驴**每两年产崽一次**，第一次产崽的年龄一般为 3～4 岁。

斑驴比其他斑马亚种**更温顺**，一直以来被人们认为是**最适合驯化的斑马类群**，但它也有野性难驯的一面，可能对掉以轻心的猎人造成致命伤害。

被驯服的斑驴**可以拉车**，当有人抚摸其光滑的侧腹部时，它们会表现得**愉悦而顺从**。

1815 年，英国的莫顿勋爵**试图繁殖和驯化斑驴**，但他只得到了一只雄斑驴。无奈之下，只好让这只雄斑驴与一匹雌性家马杂交，所生的一只小母马也有斑纹。随后这只小母马被卖掉，与一只黑色雄性家马杂交，其后代仍有斑纹。

斑驴在人工饲养条件下的**寿命约为 40 年**，据说有一只斑驴在动物园中存活了 21 年零 4 个月。

曾有人为伦敦动物园的一只雌性斑驴拍照，留下了几张**珍贵的黑白照片**。

最后一群野生斑驴栖息在南非的奥兰治自由邦，**并于 1878 年野外灭绝**。

1883 年，**最后一只圈养的斑驴死于荷兰阿姆斯特丹动物园**中。它死去时，人们还不知道斑驴已经灭绝，动物园还想再求购一只，猎人们也都误以为南非腹地还有斑驴存在。

1900 年斑驴被宣布灭绝，**灭绝时间为 1883 年**，斑驴的灭绝属于亚种灭绝。

目前，全世界大约**存留有 23 件斑驴的形态标本**，其中包括两只小斑驴和一个胎儿。除此之外，还有一些局部标本以及骨骼、组织存留下来。

斑驴是第一种**进行了 DNA 检测**的灭绝动物（亚种）。

灭绝动物档案
北非狷羚
分类
偶蹄目，牛科
头身长
约2米
体重
约130千克
肩高
约1.2米
尾长
约40厘米
特征
脸部瘦长，有弯曲的角
180cm
0cm

北非狷羚

似牛似羊，脸长半米

非洲大陆的面积占全球陆地面积的五分之一，这片土地上孕育着数以千计的独特物种。其中，有一种骨骼清奇的动物，它生得似牛非牛，似羊非羊，四肢纤瘦，脸特别长，它就是机警而害羞的食草动物——狷羚。

小贴士

彼得 · 西蒙 · 帕拉斯（1741 年—1811 年），德国博物学家。他曾前往英国、荷兰、俄罗斯等国进行自然考察，并基于历史发展理论，提出了生物分类学的谱系思想。现约有 185 个生物分类学名称是由他命名的。

19 世纪以前，狷羚在非洲的分布范围十分广泛，北至地中海，南至好望角，东至东非高原，西至大西洋沿岸，它的种群几乎遍布整个非洲。但 19 世纪到 20 世纪之间，狷羚家族遭遇了严重的生存危机。狷羚的亚种之一——北非狷羚，惨遭灭绝。出人意料的是，这次灭绝事件，竟与一场殖民侵略战争紧密相关。

狷羚的化石记录可追溯到 100 万年前。这 100 万年中，狷羚快速扩散，在千差万别的地形、气候中成功繁衍，形成了 9 个不同的亚种。

19 世纪初期，英国和法国两大殖民帝国为争夺殖民地而展开激烈较量。在争夺新大陆、印度等的较量中，法国节节败退，为了弥补殖民地损失，法国将贪婪的手伸向了非洲。

1830 年春天，法国入侵了北非国家阿尔及利亚，掀起了长达数十年的军事拉锯战。为了加强殖民统治和文化同化，先后有近百万法国白人移居北非。这些人不仅带来了先进的枪炮，也带来了流行于欧洲的娱乐活动——狩猎。

我们不难想象，当目睹了草原上多如繁星的野生动物的时候，那些以猎杀为乐的法国人，会是多么兴奋和疯狂。特别是成百的北非狷羚集成一群，在平原上驰骋游荡的时候，猎人们更是难以按捺，纷纷举枪肆意射杀。

也许是为了羚羊肉和皮张，也许是为了消灭家畜的竞争对手，也许只是为了猎杀取乐……19 世纪上半叶，北非狷羚遭到法国军队的大肆屠戮，数量急剧减少。它们的自然家园被侵占和破坏。一些北非狷羚被活捉，然后送往欧洲的动物园囚禁终生。

法国军队的一份报告中记录道："在阿尔及利亚、突尼斯和摩洛哥有一种北非狷羚……它弯曲的长犄角从正面看像竖琴，敏捷的身姿令人过目难忘。"

一位法国上校在笔记中写到，他曾经在一次狩猎行动中射杀过北非狷羚，这是法国占领北非期间有组织的大屠杀。猎手们克服重重困难，千方百计搜寻北非狷羚最后的幸存者。

到了 1876 年，只是在非洲西北部的山脉或者酷热的撒哈拉沙漠中，才能觅得北非绢羚踪迹。1902 年，阿尔及利亚国内的最后一只北非狷羚被射杀。1917 年，15 只北非狷羚组成的小群体在摩洛哥被发现，不久，其中的 12 只被猎人杀死，仅有 3 只侥幸逃生。

1923 年，一只雌性北非狷羚死于法国巴黎动物园。两年之后，全世界最后一只北非狷羚被猎杀于摩洛哥。至此，北非狷羚这个亚种灭绝了。

其实，巴黎动物园中饲养的那只北非狷羚存活了 18 年，人类本来有机会拯救这个物种，可悲的是，在动物繁育和保护上的失职，这个良机又遗憾地错失了。

北非狷羚大数据

北非狷羚**科学发现于1766年**，发现者是德国博物学家彼得·西蒙·帕拉斯。

北非狷羚的拉丁文学名是*Alcelaphus buselaphus buselaphus*，直译成中文是“**牛驼鹿**”。

北非狷羚的英文名是hartebeest，这个词源自荷兰语中的“hertebeest”，意思是“**鹿**”。狷羚并**不是鹿类**，但殖民非洲的荷兰人认为它长得像鹿，因而以此命名。

北非狷羚的自然栖息地是**北非大草原**，其中一些地区草甸茂密，草高达3～4米，为狷羚提供了躲避天敌的庇护所。

北非狷羚的**皮毛为棕色**，四肢和头部为棕褐色，后半身为浅棕色。

北非狷羚的**尾巴很长**，末端有一撮黑毛，易于驱赶蚊虫。

北非狷羚的**体型与驴子相仿**，雄性的体型比雌性更大。

北非狷羚**不论雌雄，都长有犄角**。雄性的角长约55厘米，雌性的角长约35厘米。犄角形态为弯曲状，表面有许多突出的骨环，尖端向后，从正面看犄角呈U型。

北非狷羚是**群居动物**，常组成100～200只的大群，或20只左右的家庭群。**觅食时，会有“哨兵”警戒捕食者**，有时站在白蚁丘上登高瞭望。

北非狷羚主要在**白天活动**，正午最热的时候在阴凉处休息。

北非狷羚平时步态有些笨拙，但在**受惊时，奔跑速度很快**，能达到每小时50千米。非洲人称狷羚为“**顽强的野兽**”，因为它们被追逐时会不知疲倦地奔跑。

北非狷羚的**蹄子很有韧性**，能在坚硬陡峭的石头上踩踏，这使它们身姿格外敏捷。

北非狷羚的**嗅觉非常发达**，它们几乎完全吃草，极少吃谷物和坚果。

北非狷羚**不迁徙**，有领地意识。雄性狷羚会为了占有雌性和领地而相互争斗。

北非狷羚的**孕期约为8个月**，每胎产一崽。小狷羚在雨季时降生。

分娩前，雌性北非狷羚会离开群体，寻找隐蔽的灌木丛**独自生产**。生产后，母亲将幼崽留在出生地卧息，自己回归群体，偶尔来给幼崽喂奶。

北非狷羚幼崽**出生后不久就能站立**，约14天后回归群体，约4个月后断奶。

北非狷羚的**天敌很多**，有猎豹、豹、鬣狗、狮子、黑背胡狼等。

北非狷羚的**寿命可达20年**。

在埃及、巴勒斯坦和沙特阿拉伯的古代墓葬中曾发现过狷羚的头骨角，**狷羚作为祭祀动物具有一定的文化意义**。

北非狷羚灭绝前，**曾被饲养在**英国、法国和德国的**动物园**中。

北非狷羚**灭绝于1925年**，灭绝原因包括与家畜的生存竞争、栖息地被破坏和人为猎杀。

灭绝动物档案
渡渡鸟
分类
鸽形目、鸽鸠科
身高
约1米
体重
10～20千克
喙长
约23厘米
特征
身体肥胖，几乎没有翅膀
180cm
0cm

渡渡鸟

最著名的灭绝物种

1638 年，一位名叫哈蒙·莱斯特兰奇的英国作家，在伦敦繁华的街道上闲逛着，百无聊赖的他走走停停，正在寻找写作灵感。还真是碰巧了，街边一块绘着古怪鸟头标志的大画布，一下子就闯入了他的视线。

在那个热衷于探险的年代，不少探险家出于各种目的，从海外带来了一些稀奇的动物。一些店铺的老板嗅到了商机，做起了稀奇动物展示的生意，靠满足人们的猎奇心理来赚取收入。不论结果怎样，反正这张奇形怪状禽类的广告，成功地激起了哈蒙的好奇心，他跟着几名看热闹的客人，一同走进了这家迷你展示馆。

在一间略显幽暗的小房间内，哈蒙看到了一只活生生的，令他终生难忘的怪异大鸟。这只大鸟比他见过的最大的火鸡还要大，看上去肥肥的，一副呆萌的样子，其腿脚显得很健壮，背部羽毛是褐色的……店老板故作神秘地告诉他，这是从相隔万里的印度洋海岛上抓到的珍禽，名叫渡渡鸟。

这是我见过最奇怪的鸟！半裸的脑袋像秃鹫，健壮的脚爪像鸵鸟，圆胖的身体像信天翁……
作家 哈蒙·莱斯特兰奇

嘿嘿，脑洞再大你也猜不到，我其实是一种地栖鸽子。

早期的科学家认为，渡渡鸟和鸵鸟、秃鹫等鸟类的亲缘较近。但此后的解剖学证据表明，渡渡鸟的一些身体特征与鸽鸠类更为相似。

毛里求斯岛地处热带，全年高温多雨。在1507年葡萄牙人登岛以前，这里没有任何陆生哺乳动物，许多不会飞的鸟类和大型爬行类动物在此繁衍进化。

哈蒙还注意到，在房间的一个角落，堆放着一些拇指肚大小的鹅卵石。店主告诉他，渡渡鸟有时会吃一些小石头，大概是有助于消化吧。这次有趣的参观经历，被哈蒙写成了随笔。只可惜，那家小店并没有维持很久。显然，那只渡渡鸟并没有繁衍下去。事实上，这个物种在1681年就灭亡了。

渡渡鸟故事的开端，还要从它的故乡毛里求斯岛讲起。毛里求斯岛是一个珊瑚礁环绕的火山岛，它位于非洲东部，距离大陆约有2200千米。由于位置偏僻，直到16世纪，才有欧洲人在这里建立基地，移民定居。

1589 年，荷兰海军军官韦麻郎率领船队远征印度尼西亚，中途到访了毛里求斯岛，并将这里作为海上补给站。船队驶入港湾后，精疲力尽的水手们，在海岸边休息整顿。此时不远处的密林之中，一双双闪亮的小眼睛正好奇地盯着他们。

对于毛里求斯岛土生土长的渡渡鸟来说，人类是稀奇古怪的外来客。不一会儿，几只渡渡鸟探出头来，然后大摇大摆地走了过来，以一种好奇的目光上下打量着这些人。水手们全都吃了一惊，他们从没见过这种近 1 米高，长着弯钩大嘴的鸟类。但是大家很快就发现了，这种鸟居然不会飞，而且对人类毫无戒备。船员们没怎么费劲，不少渡渡鸟便丧命于棍棒之下。

小贴士

威布兰德·范·沃韦克（1570 年—1615 年），荷兰海军将官。1598 年 3 月，在议会资助下，他前往东印度地区探险，期间留下了人类关于渡渡鸟的第一次确切描述。1604 年，他抵达中国谋求与明朝通商，中国史籍中称他为“红毛番长韦麻郎”。

韦麻郎怀着惊讶的心情，仔细观察这些奇怪的大鸟，他在航海日记中写道：“这种性格温顺的鸟比天鹅还大，巨大的脑袋有一半覆盖着皮肤，像裹着头巾一样。而且它没有翅膀，在翅膀的位置只有几根发黑的羽毛，尾巴是由几根柔软弯曲的灰色羽毛组成的。这种鸟的肉烹制时间越长，就越老、越柴。只有胸部、腹部的肉味道还不错。”

虽然渡渡鸟的肉质算不上鲜美，但一只成年渡渡鸟可重达 20 千克，足够一个人吃上好几顿。这对于船员们来说，饥饿难耐的时候，只要是肉，眼中就会放绿光。于是，船员们将剩下的渡渡鸟肉用盐腌制起来，作为航海中的应急食品。

韦麻郎在航海日记中将渡渡鸟称为 Walghvoghel，这个荷兰语单词的意思是“乏味的鸟”。渡渡鸟曾为船员们提供了充足的肉食，但当捕到大量鹦鹉之后，大家就不愿再吃渡渡鸟了，并将之称为“讨厌的鸟”。

在此后的岁月中，抵达毛里求斯岛的船只日渐增多，一些渡渡鸟被捕杀食用，少数被抓回欧洲做展示，但这还不至于导致渡渡鸟完全消失。1644 年，首批荷兰定居者的到达，宣告了渡渡鸟厄运的降临。

其实在人类涉足之前，毛里求斯岛几乎完全被茂密的森林所覆盖，渡渡鸟的生活很美好。渡渡鸟虽然不能飞翔，但它们有一双强壮的腿脚，能在森林中灵活地奔跑，因此食物来源是充足的。欧洲人在此定居后，发现岛上出产贵重的黑檀木，随之而来肆意的森林砍伐、木材贸易，把岛上的生态系统彻底摧毁了。

原始森林被砍伐殆尽，取而代之的是茶园和甘蔗种植园。没有了森林便没有了庇护所，原先丰硕多汁的水果也不容易找到了。与此同时，定居者还带来了很多大陆动物，比如猫、狗、猪、鼠，甚至猴子等。渡渡鸟既不会飞，也不会爬树，它们只能把蛋生在地面上，而这些外来动物使渡渡鸟和它们的蛋“危如累卵”。

1681 年以后，渡渡鸟就从毛里求斯岛完全消失了。从人类第一次记录这种鸟到其灭绝，只有短短的 83 年。十分遗憾的是，世界上连一件完整的渡渡鸟标本也没留下，人们甚至不能确定它的羽毛是什么颜色和质地。如今，只能从航海家的素描以及画家的作品中，推测这种鸟的真实样貌了。

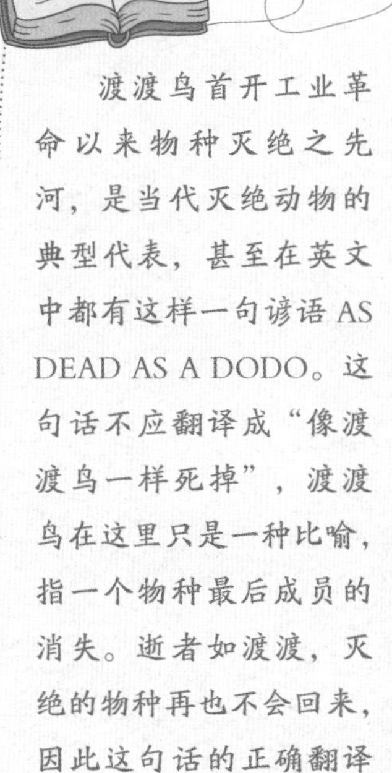

小贴士

渡渡鸟首开工业革命以来物种灭绝之先河，是当代灭绝动物的典型代表，甚至在英文中都有这样一句谚语 AS DEAD AS A DODO。这句话不应翻译成“像渡渡鸟一样死掉”，渡渡鸟在这里只是一种比喻，指一个物种最后成员的消失。逝者如渡渡，灭绝的物种再也不会回来，因此这句话的正确翻译是“永别了”。

渡渡鸟大数据

渡渡鸟**科学发现于1758年**，发现者是瑞典生物分类学家卡尔·林奈。

渡渡鸟的拉丁文学名是*Raphus cucullatus*，大意是**“嘴巴带勾的钩鸟”**。

渡渡鸟是这种鸟类的俗名，它的正式中文名是**“普通愚鸠”**。

荷兰语“Walghvoghel”是渡渡鸟最初的名称之一，意思是**“乏味的鸟”**。

渡渡鸟**本质上是一种地栖鸽子**，它现存的近亲是科尼巴群岛上的科尼巴鸠，那是一种体长40厘米左右的大型鸽鸠。

渡渡鸟是毛里求斯岛的特有鸟类，也**是毛里求斯的国鸟**，其形象还出现在该国的国徽上。

渡渡鸟的祖先是飞到毛里求斯岛上的，在漫长的进化过程中，它们在相当长一段时间是能够飞翔的。

人们对渡渡鸟知之甚少，绝大多数信息是从对照活渡渡鸟所画的画作上了解的。

通常认为，渡渡鸟有**棕灰色的羽毛**，腿部膝盖以上有黑色覆羽，膝盖以下为黄色。

渡渡鸟的**喙部是裸露的**，呈发黄的淡绿色。

渡渡鸟**有四个脚趾**，三个长脚趾向前，一个短脚趾向后，爪尖为黑色。

渡渡鸟的**胸骨很大**，但胸骨和肌肉并不足以支撑它们沉重的身体飞行。

有观点认为，渡渡鸟的**体重因季节而变化**，凉爽季节比较胖，炎热季节比较瘦。

渡渡鸟有“性二型”特征，**雄性比雌性体型大**，喙部也成比例增大。

渡渡鸟**脖子的韧带和肌肉很发达**，以支撑其沉重硕大的头部。

渡渡鸟主要**栖息在干燥的沿海森林中**，营巢于林间草地上。

渡渡鸟的**翅膀很小**，只有炫耀和保持平衡的作用。对其腿骨的强度研究表明，它可以跑得很快。

虽然人们通常认为渡渡鸟又呆又蠢，肥胖臃肿，但实际上**它们很好地适应了没有天敌的岛屿生态系统**。

渡渡鸟的**智力和普通鸽子差不多**，它的嗅觉神经更发达。

渡渡鸟**主要吃水果**，有观点认为也吃种子、植物根茎、虫子，以及鱼类、贝类和螃蟹。

渡渡鸟**会吞咽一些小石头**，用来研磨肚中的食物。

渡渡鸟终生保持一雄一雌的配对，**一窝只生一个蛋**。孵化期约为49天，雌鸟和雄鸟都参与孵蛋。

渡渡鸟常**被当做灭绝和过时的象征**。《爱丽丝漫游仙境》《冰河世纪》等故事中，都有渡渡鸟出场。

渡渡鸟的**存世标本不多**，仅有头部、脚爪的完整标本，以及一些骨架。

大多数学者认为，渡渡鸟**灭绝于1681年**。

分类	偶蹄目、牛科
头身长	2.3～3 米
体重	约 160 千克
肩高	约 1.1 米
角长	50～61 厘米
寿命	约 18 岁
特征	雌雄都有角，成年雄性皮毛为蓝色

蓝马羚

近代非洲灭绝的第一种大型哺乳动物

在千姿百态的自然界中，你见过蓝色皮毛的哺乳动物吗？地球上的哺乳动物数不胜数，体型大的比如鲸鱼、大象，体型小的比如老鼠、兔子，食肉类的比如狮子、老虎，食草类的比如水牛、山羊，它们的皮毛色彩其实并不丰富，就是棕色、黑色、白色等几种，有时候相互夹杂，有时候形成斑点或者条纹。相比鸟类五彩斑斓的羽毛来说，哺乳动物的毛色实在是太单调了。

令人惊奇的是，在 17、18 世纪，荷兰人和英国人相继殖民南非之后，许多探险家、生物学家都曾描述过一种蓝色的哺乳动物，称为 bluebuck。在南非原住民的神话里，这种动物具有沟通神明的超自然力量。

小贴士

哺乳动物的毛发中只能产生两种色素——黑色的真黑素，以及褐色、黄色的褐黑素。如果这两种色素都没有，毛发里无数细小的气泡就会使它看起来像白色，比如北极熊的毛。

英文中 bluebuck 这个词，是由荷兰语的 blaubok 发展而来的，是蓝色 blauw 和公羊 bok 的组合。它所指的是一种南非特有的大型食草动物，中文名叫“蓝马羚”，在分类学上属于牛科、马羚属。不论是在英语还是荷兰语文献中，蓝马羚的蓝色皮毛都被人们特意记录下来。可想而知，这种动物的毛色一定是与众不同的。

18 世纪，生活在南非的欧洲人曾对蓝马羚有过不少记述，还留下过彩色的画作。来自威尔士的自然学家托玛斯·佩南特曾写道：“当蓝马羚活着的时候，它的皮毛是美丽的正蓝色，而当这种动物死去，皮毛就会变成蓝灰色，掺杂着白色。”如今，多数科学家认为，蓝马羚的毛色可能是保安制服一样的蓝灰色。

遗憾的是，早在 1800 年前后，蓝马羚这种动物就已经从地球上消失了。现在，全世界仅存四具蓝马羚的剥制标本，而这些标本历久经年也发生了意想不到的变化。

蓝马羚灭绝至今已经过去了两百多年，存留于世的蓝马羚标本的皮毛呈现出的不是美丽的蓝色，也不是蓝灰色、黑灰色，而是枯草般的土黄色。面对这些与历史记录相去甚远的标本，科学家们不禁怀疑，是标本保存不善褪了色？还是蓝马羚的蓝色皮毛只是谣传？如果这种动物本来就是土黄色，说不定，它只是其他马羚的亚种吧？

我们常会听说一些以“蓝”命名的动物，比如蓝鲸、蓝狐、蓝猫、蓝貂等，但如果你亲眼观察，就会发现这些动物其实多是深黑色、黑灰色，或者深褐色，和蓝色相去甚远。

在“马羚”这个大家庭中，曾经存在着马羚、黑马羚、蓝马羚这三种动物。根据 18 世纪的欧洲探险家的描述，蓝马羚的体型比它的两个亲戚更小，鬃毛不发达，特殊的皮毛颜色也让它独树一帜。可是，面对已经变色的标本，蓝马羚作为独立物种的分类学地位遭到了质疑，这种质疑和学术争议持续了上百年。直到 1996 年，科学家利用基因技术对仅存的标本进行检验，才最终确定：蓝马羚是马羚属的一个独立物种，而且它与马羚属两个“亲戚”有较大的基因差异。

蓝马羚是冰河时期古动物中的幸存者。相比马羚和黑马羚，它更适应古代南非的气候环境。距今 7 万至 3.5 万年前，蓝马羚驰骋在广阔的南非草原，它是当地唯一的马羚物种。然而，随着冰河时期结束，全球气温上升，非洲南端的气候和环境发生了剧烈变化。曾经温暖宜人、降水丰沛的草原和沼泽，渐渐演变成全年高温、旱季少雨的稀树草原。海平面上涨导致蓝马羚的栖息地被淹没、缩小，迁徙路线被干扰、阻断，它的生存繁衍面临着巨大考验。

两百多年前，欧洲人初次发现蓝马羚的时候，它的栖息地几乎只剩下非洲大陆的最南端，大约 4300 平方千米的区域。翻看当今全球气候带的分布图，非洲南部只有这片区域还保有温和湿润的地中海气候，保留着适合蓝马羚生存的自然环境。这里就是蓝马羚最后的家园。

1774 年，瑞典博物学家卡尔·通贝里有幸见到了一群活的蓝马羚。他感叹道：“这是全球最珍稀的物种之一。”蹚过及膝深的草丛，蓝马羚群正沿着河边吃草。炎炎夏日，它们总是在水源附近活动。这是一个大家庭，由一只健硕的、蓝灰色的雄性，和十几只体型稍小的、棕色的雌性以及幼崽组成。为了守护妻儿，雄性蓝马羚时常警惕地环顾四周。它并不知道，自己美丽的蓝色皮毛会引来杀身之祸。

也许，欧洲人对于南非的殖民是压死蓝马羚这个物种的最后一根稻草。据推测，当时蓝马羚的数量只剩下几百只。可人们非但没有保护它们，还不断地猎取皮张、引入家畜、开垦草原、拓展农田。

一位名叫考比的德国人记录道："这种羚羊容易被猎犬捕获，很多皮张被运到了欧洲，实际没有留下什么活口。"俄国人帕拉斯在 1776 年写道："面对人口的膨胀，蓝马羚不得不退避三舍，看来这种一度构成南非草原一景的羚羊正在减少，形单影只，好景不再。"

一系列人类活动导致蓝马羚的数量迅速下降。随着最后一只蓝马羚在 1800 年前后被人类杀害，这个耐人寻味的物种终于在进化的旅程中画上了终止符……

当我们看着当年欧洲探险家们的笔记，欣赏那些泛黄的画作和博物馆里的标本，尝试在脑海中拼凑出蓝马羚矫健的身姿时，是否也会感到一丝遗憾呢？蓝马羚那奇妙的"蓝色"皮毛，已成为人类又一个难解之谜。

蓝马羚大数据

蓝马羚**科学发现于1719年**。

蓝马羚的拉丁文学名是*Hippotragus leucophaeus*，直译成中文是“**亮白的马公羊**”。

蓝马羚是**南非的特有物种**。

蓝马羚**仅存的4件剥制标本**分别珍藏在维也纳、斯德哥尔摩、巴黎和莱顿。这些标本都不是蓝色的。

蓝马羚的**皮毛短而有光泽**，呈蓝色或灰色，死后则褪色成蓝灰色。

除了剥制标本，还有数十件蓝马羚的**头骨角标本**散落在世界各地的博物馆中。

蓝马羚的**犄角呈弯月状**，角上有20~35个突起的环。

蓝马羚角环的数量比马羚多，但**犄角的骨密度比马羚低**。

蓝马羚**左右各有6颗臼齿**，这是鉴别它与马羚的依据。

DNA研究表明，**蓝马羚和黑马羚的关系更近**，和马羚关系较远。

蓝马羚很**挑食**，它**偏爱画眉草之类的优质植物**，喜欢吃柔嫩多汁的鲜草。

蓝马羚有“**性二型**”的特点，雌雄毛色不同。雌性毛色为黄褐色，雄性三岁后毛色变淡，成为蓝灰色。

雄性蓝马羚的角**大而弯曲**，雌性的角**又窄又细**。

距今3200～2000年间，由于气候变化，蓝马羚开始**快速衰落**。

南非东部自由州省的**古代岩画**中出现过蓝马羚的形象。

只要气候合适，蓝马羚可以栖息在**海拔2400米**高的地方。

蓝马羚**每天都要喝水**，水源是其生存的必要条件，干旱季节它们会沿着河吃草。

蓝马羚喜欢**中等高度**的草原，避开草太短或树冠太密的地方。

蓝马羚是**昼行性动物**，清晨和黄昏活动频繁。

蓝马羚是**群居动物**，在雨季分成小群，在旱季组成大群。

蓝马羚有**领地意识**，领地可继承30年之久。

蓝马羚雄性**幼崽15～18个月就要离群独自生活**，否则会被父亲赶出家门。

雄性蓝马羚**通过角斗**取得雌性的占有权。

蓝马羚的孕期约为268～281天，**每胎产崽1只**。

蓝马羚**喜欢下雨环境**，幼崽一般在多雨的冬季出生。

成年蓝马羚体型较大，可以抵抗大多数掠食者。受伤后它们会躺下，**用犄角自卫**。

猎人**为了皮毛猎杀蓝马羚**，马羚肉虽然味道不错，但油脂少，一般被用作狗粮。

家畜带来的疫病使蓝马羚遭到伤害。

据博物学家卡尔·彼得·滕伯格描述，蓝马羚一般对幼崽不太关心，**幼崽容易被天敌捕食**。

1799年冬天，**6只蓝马羚在舍特莫克山谷林地出现**。

蓝马羚**被人类科学发现后不足100年就灭绝了**，科学家没能对活体蓝马羚进行研究。

在南非的传说中，蓝马羚在所有动物中承担着**保护聚落的职责**。

灭绝动物档案
象鸟
分类
隆鸟目、象鸟科
身高
约3米
体重
约500千克
卵直径
约30厘米
卵周长
约1米
特征
和大象差不多高
300cm
0cm

象鸟
世界上最大的鸟类

20 世纪 60 年代，黑白电视已经走入千家万户，一档由英国广播公司推出的纪录片“动物园探索”栏目在当时颇具人气，栏目的策划者是主持人大卫 · 爱登堡。1960 年，34 岁的大卫 · 爱登堡与他的搭档摄影师杰夫 · 莫里根结伴前往马达加斯加，想用镜头记录那里千奇百怪的动植物。此前，关于这个岛的动植物，欧洲人只掌握了绘画、照片、标本等静态资料，却没有动态影像。大卫所拍摄的纪录片将会成为自然历史记录的一个新突破。

小贴士

马达加斯加岛坐落于非洲大陆的东南方，与大陆隔海相望，最近处相距约 390 千米。该岛的面积约为 58 万平方千米，相当于海南岛的 16 倍，它是非洲第一大岛，世界第四大岛。马达加斯加岛处于热带地区，全年降雨丰富，季候炎热。岛上有热带雨林、热带草原、热带荒漠等多种自然环境。

纯净的海浪轻吻着沙滩，马达加斯加岛犹如被时间遗忘的诺亚方舟，千万年间与世隔绝。岛上的生物独立进化，形成了众多奇特的物种，80% 以上的动植物都是岛上独有的。当大卫·爱登堡来到这片陌生的土地，他立刻被那些夺人眼球的生物深深吸引了。这里有几十米高的猴面包树，世界上最大的变色龙，数十种体型各异的狐猴，步路缓慢的陆龟，高尔夫球般大小的西瓜虫，数不清的珍稀鸟类……

来到岛屿的南部，大卫在炎热的荒漠上发现了许多白色碎片。这些碎片酷似鸡蛋壳，但是非常厚，而且粗糙。大卫灵光一闪：听说，已经灭绝的“象鸟”曾经生活在马达加斯加岛。这些碎片难道是象鸟的蛋壳？

小贴士

欧洲世代流传着关于巨鸟的传说。13 世纪，旅行家马可·波罗在游记中写到，他从东方返回途中遇到了“象鸟”。据说，象鸟的翼展巨大，翎羽颀长，强壮的脚爪能把大象抓到半空再重重摔下，象鸟随后会吃掉大象的遗骸。但这记录被质疑有神话色彩。

17 世纪，一位名叫埃蒂安·德·弗拉库特的法国官员创作了一本马达加斯加岛动植物手册。他写道：“在人烟稀少的地区有一种像鸵鸟的巨型鸟类，它像鸵鸟那样产卵。”同一时代，访问马达加斯加的水手们返回欧洲后，说在当地看见了巨鸟，并带回了巨大的鸟蛋标本。人们认为，象鸟在 18 世纪初期已经灭绝。

大卫对象鸟蛋十分着迷。他提出悬赏，委托周边村子里的原住民帮忙寻找这种蛋壳。很快，一篓篓雪白的蛋壳碎片被送到大卫眼前。这些碎片数以百计，体积很小，形状杂乱，要拼成一个完整的鸟蛋恐怕难于登天。大卫不免有些失望。

这时，一个小男孩提着个破布包跑了过来。他打开包裹，里面是十余块手掌大小的蛋壳。起初，大卫并没有十分在意，以为这些也只是普通的大块碎片而已。但当他注意到，其中两块碎片似乎边缘吻合，可以拼接起来的时候，顿时眼放金光。

大卫急忙坐在摄影工具箱上，专心致志地开始了“拼图游戏”。他将布包里的碎片逐一拼凑，再用粘摄影胶片的胶布固定住。不一会儿，两个半球形状的蛋壳就分别拼装好了。然后，大卫将它们缓缓合在一起……两个半球几乎严丝合缝，组成了一只完整的鸟蛋。大卫喜出望外，捧着鸟蛋翻来覆去地瞧了又瞧。他不禁思索，能生下这只蛋的鸟是什么样子呢？它又为何会从马达加斯加岛消失呢？

象鸟有多高？要得出这个答案并不容易。因为完整的象鸟骨骼存世很少，而散落的骨骼中也可能掺杂着其他动物的骨头，多一块颈骨或少一块颈骨，对身高的估测影响很大。而且，人们无法确定象鸟生前的站立姿势。它是伸着脖子还是缩着脖子，是昂着头还是低着头。但可以确定的是，象鸟的体重约为半吨，它是世界上最重的鸟。

在马达加斯加的首都塔那那利佛的博物馆里，保存着珍贵的象鸟骨骼标本。由骨骼来推断，象鸟的身高约为 3 米，体重可达 500 千克，是人类至今所知的最大的鸟类。在人类涉足马达加斯加岛之前，象鸟在当地没有天敌。它们在茂密的原始森林中自在地游荡、觅食。只不过，随着持续数千年的气候变化，其昔日的栖息地正在悄然改变。

马达加斯加岛南部曾是象鸟的主要栖息地之一，如今这里却是一片荒漠地带。科学家在黄沙中发现了数不胜数的象鸟蛋碎片，说明这片不毛之地曾经是郁郁葱葱的森林，栖息着许多的象鸟。但气候变化导致环境日益酷热干旱，大森林不复繁盛，一些地区退化成了稀疏森林，有些地方甚至连仙人掌类的耐旱植物也难以生存了。象鸟昔日的家园，年复一年，逐渐缩小。

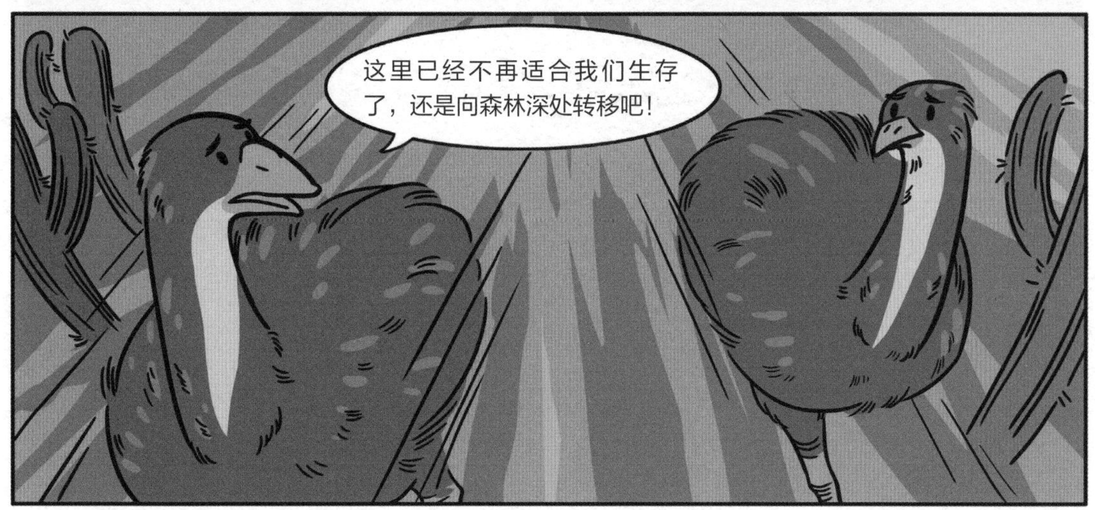

大约距今2000年前，人类抵达了马达加斯加岛。虽然这个岛屿紧邻非洲大陆，但第一批到达这里的并不是非洲人，而是具有超凡航海技术，穿越浩瀚印度洋而来的东南亚人。这些人在岛上定居，靠种田、放牧为生。他们砍伐森林，放火烧荒，开垦农田，开辟牧场。随着人口增加，越来越多的森林被砍伐，纵横交错的村庄和道路，割裂了连绵的林海。象鸟这种需要大量食物和辽阔栖息地才能生存的动物，成了森林被破坏后首当其冲的受害者。

气候变化、森林开垦等，当然不是一蹴而就的。象鸟也不是随着人类的到来就立即灭绝的。原住民们信仰“动物是祖先灵魂的化身”，他们反对随意猎杀象鸟。这种原始的动物保护意识，使象鸟与人类在岛内共存了几个世纪。作为狩物而言，体型庞大的成年象鸟，也是令狩猎者畏惧的。不过，人们偷窃象鸟的蛋似乎并不困难，也不易受到信仰的谴责。

象鸟蛋重达10千克，体积约是鸡蛋的150倍，它是原住民重要的营养来源。考古发现，在古代人类聚落用火的残留物中，出土了象鸟蛋的碎片。这说明，硕大的象鸟蛋为当时的整个家庭提供了食物。人类偷吃象鸟蛋，是否是压垮这个物种的最后一根稻草呢？

大卫·爱登堡在马达加斯加岛淘到的“完整”象鸟蛋壳，经过碳十四测年，确定其是距今 1300 年前产下的。在那个时期，象鸟的数量已经很稀少了。一般认为，在 17 世纪中期，象鸟就从地球上消失了。

2010 年，时隔 50 年，大卫·爱登堡再次到访马达加斯加岛。当年那个年轻帅气的小伙子，如今已是满头华发的耄耋老人。回到曾经拍摄纪录片的地方，50 年前，那里还是辽阔的热带森林，有各种狐猴、植物和昆虫。但现在，此处空旷寂寥，只剩下一个废弃的锯木厂。这间锯木厂开办了 25 年，直到把周围的森林都砍光，这才废弃了。曾几何时，马达加斯加岛上遍布茂密的森林，而如今岛上 80% 以上的原始森林已被摧毁。而神秘的象鸟也再无任何踪迹，只剩下关于它的传说仍世代口口相传。

象鸟大数据

象鸟**科学发现于1851年**，发现者是法国博物学家艾蒂安·乔弗华·圣伊莱尔。

1298年，意大利旅行家**马可·波罗**在游记中提到了“象鸟”，象鸟的拉丁名*Aepyornis*正是得名于此。

象鸟生活在**马达加斯加岛**的热带森林中。

“象鸟”是对**象鸟科动物的统称**，这个家族中至少有4种不同的象鸟。

象鸟在马达加斯加语中叫做vorompatra，意思是**沼泽大鸟**。

象鸟曾是地球上**最大的鸟**，也是最重的鸟。但象鸟不一定是地球上最高的鸟。新西兰灭绝的鸟类“恐鸟”，身高将近3.6米。

象鸟的胸部**没有龙骨突**，翅膀退化，不会飞翔。

象鸟的**腿非常粗壮**，但腿骨相对较短，有三个脚趾。

象鸟之所以被称作象鸟，不是因为体重和大象一样重，而是**身高几乎和大象一样高**。

象鸟的**近亲**不是鸵鸟，而**是大洋洲的几维**。几维是一种不会飞的鸟，体型和家鸡差不多大，体重约3千克。远古时期，象鸟的祖先由大洋洲扩散到非洲。

象鸟蛋是所有鸟类蛋中最大的，直径可达34厘米，周长可达1米。**象鸟蛋重量约10千克**，体积是鸵鸟蛋的7倍，**约是鸡蛋的150倍**。

象鸟蛋并不罕见，但仍受到收藏家的追捧。目前，世界各地有十余个完整的象鸟蛋标本。包括在华盛顿国家地理学会的 1 件，在澳大利亚墨尔本博物馆的 2 件，在加州西部脊椎动物基金会的 7 件。

华盛顿国家地理学会保有着一个**完整的象鸟蛋**，蛋里还有未出生的胚胎骨骼。

2013 年，有一枚**象鸟蛋**以 10 万美元的价格被**拍卖**，这个**价格几乎和小型恐龙化石的价值相当**。

原住民会用**象鸟蛋壳**在湖边、海滩**取水**。

象鸟是夜行性鸟类，**视力差**，但**嗅觉很好**。

象鸟有**圆锥形的喙部**，很**喜欢吃水果**。

象鸟的灭绝与人类活动有关。人类引入岛上的老鼠和猫狗可能会威胁象鸟的卵。家禽携带的疾病也会威胁象鸟的生存。

马达加斯加**原住民**的信仰中**反对猎杀象鸟**。

考古发现，**远古人类曾食用象鸟蛋**。

最后一只象鸟可能是**17 世纪中期死去**的。

科学家已从象鸟蛋中提取到了 DNA 分子，有朝一日可能利用**基因遗传技术复活象鸟**。

灭绝动物档案
比利牛斯山羱羊
分类
偶蹄目、牛科
头身长
约150厘米
体重
50~100千克
尾长
约15厘米
肩高
约85厘米
特征
公羊角厚重弯曲，长约1米
180cm
0cm

比利牛斯羱羊

唯一灭绝过两次的动物

小贴士

比利牛斯羱羊是西班牙高地山羊的四个亚种之一。另外三个亚种分别是葡萄牙羱羊（灭绝于1892年）、贝塞特羱羊和格雷多斯羱羊。

2003年7月30日，窗外的夏蝉炫耀着自己嘹亮的歌喉，灯火通明的实验室中却鸦雀无声。数位来自法国、西班牙的科学家身穿青色的手术服，正在小心谨慎地完成一台剖宫产手术，但接受剖宫产的并不是人，而是一只羊。

这只母羊是家羊和野山羊杂交的后代，外表平凡无奇。但作为代孕妈妈，它饱满浑圆的肚子里正孕育着一个生命奇迹：小羊羔并不是母羊的亲生血脉，而是科学家运用克隆技术“复活”的灭绝动物——比利牛斯羱羊。

说起比利牛斯羱羊，生活在西欧的人们大多耳熟能详。比利牛斯山脉横亘在法国与西班牙之间，这里地势高峻，冰川绵延，曾经是比利牛斯羱羊的自然家园。14 世纪以前，在西班牙、法国境内的山区都有羱羊矫健的身影。这种动物数量曾多达 5 万只，能组成 50 多个羊群。

羱羊不爱地底平原，偏爱山崖陡坡。凭借超凡的平衡能力，它们在岩壁上如履平地，奔跑跳跃、觅食嬉戏。一旦发现捕食者，“羊哨兵”立刻发出警报叫声，羊群马上向最险峻的岩壁有序撤离。熊、豹等食肉动物因畏惧悬崖，都不敢继续追击。

然而，15 世纪火枪问世之后，比利牛斯羱羊的生存出现了危机。由于山崖上松树低矮，灌木稀疏，难以形成有效遮蔽，猎人们很容易就能发现羊群并射杀它们。一阵令人胆寒的枪声之后，屹立于高山之巅的羱羊纷纷跌下岩壁。一些幸存者为了活命，躲进家羊群里寻求庇护，可是牧民们却担心羱羊和家羊抢食，毫不留情地将它们杀死了。

当年，猎人们通过猎杀羱羊炫耀自己的射击技术。人们迷信羱羊角能壮阳，羱羊血能治疗肾结石，这些毫无根据的偏方引发了无休无止的滥杀，比利牛斯羱羊从此走向了衰落。

1900 年，比利牛斯羱羊的存活数量跌破了 100 只。十年之后，存活于世的羱羊已不足 40 只了。尽管当地政府将其列为保护动物，但偷猎和栖息地被破坏的行为仍然屡禁不止。随着最后一只公羱羊的死去，该种群自然繁育的希望破灭了。到了 1999 年，全世界仅剩下一只年老的母羱羊，它的名字叫“西莉亚”。

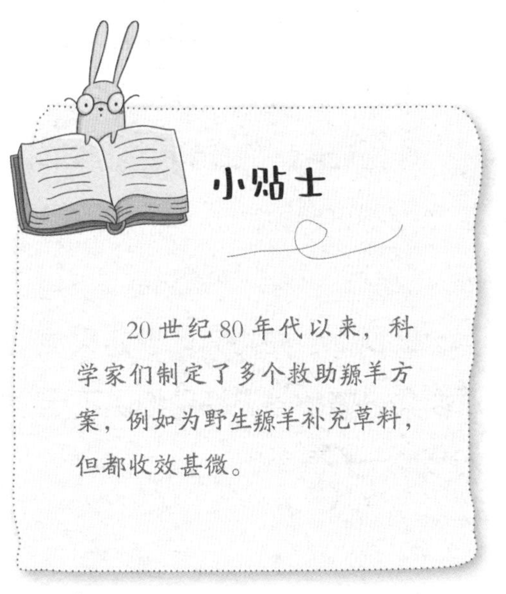

20 世纪 80 年代以来，科学家们制定了多个救助羱羊方案，例如为野生羱羊补充草料，但都收效甚微。

1999 年时，西莉亚大约 12 岁，对于羱羊而言已是暮年了。灭绝的危机迫在眉睫，科学家们决定采集西莉亚的细胞标本，为日后的研究保留希望。

科研人员在山区设下大型捕捉箱，经过上百次的尝试之后，终于将西莉亚活捉了。他们采集了它的血液和组织样本，又为西莉亚带上定位项圈，以便监测其活动轨迹。第二年年初，定位项圈发出了刺耳的报警声，人们急忙赶往现场，发现西莉亚被一棵倒下的大树压倒，伤重不治而亡。

作为最后一只比利牛斯羱羊，西莉亚的死亡宣告了这一亚种的灭绝。但科学家们不甘心就此放弃，转而提出了一项惊人的计划：用西莉亚的细胞进行克隆，“复活”羱羊并将其放回原本的出生地。

这项雄心勃勃的计划如果成功，将成为轰动世界的科学壮举。有朝一日，渡渡鸟、袋狼等灭绝动物说不定也能克隆“复活”，重建种群。不过，现实会如想象一样简单吗？

小贴士

1996 年 7 月，世界上第一只以克隆技术创造的动物——克隆绵羊“多利”成功诞生。近代基因技术突飞猛进，让学界看到了克隆㹴羊的希望。

小贴士

理论上看，从雌性基因中删除一个 X 染色体并添加一个 Y 染色体，将能够生出雄性比利牛斯㹴羊。但是，这项技术至今无法实现。

2003 年，在克隆实验中，各种困难接踵而来。实验培育的近 800 个克隆胚胎，超过 600 个发育失败。把来之不易的优良胚胎植入 57 只代孕母羊的体内，只有 7 只母羊成功怀孕，此后只有一只没有流产，怀孕到足月。

经过五个多月漫长的等待，2003 年 7 月末，科学家们按捺着无比激动的心情为怀孕足月的母羊进行了剖宫产手术。手术很顺利，不多时，一只可爱的小羊羔就降生了。它体重 5 斤多，全身披着灰黑色的茸毛，四肢健全，身材匀称，大家见状都喜出望外。可谁料到，由于先天的肺部畸形，这只小羊无法正常呼吸，仅仅存活了 7 分钟便夭折了。

此后，在经费和道德问题的压力下，克隆项目宣告中止。终究，灭绝的比利牛斯羱羊只“复活”了片刻，又再次归于沉寂，它也成了世界上唯一灭绝过两次的动物。

为了恢复比利牛斯山脉的生物多样性，人们将比利牛斯羱羊的亲戚——西班牙高地山羊的另一个亚种引入当地。比利牛斯羱羊的灭绝故事，至今仍在世人中广为流传。

比利牛斯羱羊大数据

比利牛斯羱羊**科学发现于1837年**，发现者是瑞士博物学家海因里希·鲁道夫·申兹。

海因里希根据苏黎世博物馆中的一只公羊标本，以及美因茨博物馆中的两只公羊和一只母羊，**对这一亚种进行了科学描述**。

比利牛斯羱羊的拉丁学名是*Capra pyrenaica pyrenaica*，大意是"**比利牛斯地区的山羊**"。

比利牛斯羱羊是西班牙高地山羊的四个亚种之一，它的特征是犄角比其他三个亚种更长，曾分布于西班牙、法国、葡萄牙和安道尔。最后的种群**栖息在海拔1200米以下的比利牛斯山脉东部和中部**。

比利牛斯羱羊偏爱点缀着灌木和小松树的山坡和悬崖地带，或者栖息在多岩石的草甸和农田里。这种动物**适应环境的能力很强**。

比利牛斯羱羊有明显的"**性二型**"特征，公羊和母羊很容易分辨。公羊比母羊高大，体重也较重。

比利牛斯羱羊会**随季节变化而换毛**，夏季毛短而薄，冬季毛长而厚，有深色斑纹，但脖子上的鬃毛是一年四季始终生长的。

夏季，比利牛斯羱羊**公羊的皮毛为深褐色**，额头和腿部发黑，背部有一道黑色脊线，而**母羊完全是红棕色**。

除了随季节变化外，比利牛斯羱羊的**毛色也随年龄而发生变化**：年幼时，公羊和母羊的皮毛都为红棕色，1岁以后，公羊开始长出黑色斑点。

比利牛斯羱羊的**犄角上有环状凸起**，凸起的数量随着年龄的增长而增加，通过角环可推断其年龄。

比利牛斯羱羊**公羊的角大而粗**，不分叉，向外弯曲，全长约80厘米，**最长纪录可达87.6厘米；母羊的角呈圆柱形**，比较短，长约26厘米。

比利牛斯羱羊是**群居动物**，能结成10~20只的小群。

比利牛斯羱羊在白天和夜晚都能活动，**最活跃的是晨昏时分**。

比利牛斯羱羊灵活敏捷，是名副其实的**攀岩高手**，如果有足够坚韧的树枝，它们甚至能上树。

比利牛斯羱羊的**孕期为5.5个月，每胎产一崽**，偶尔会生双胞胎。

小羊通常在**每年的五月出生**。出生当天即可和母亲一起行走。8~12个月后小羊可独立生活，**2~3岁完全发育成熟**。

比利牛斯羱羊**可以和家羊杂交**。

14世纪之前，比利牛斯羱羊的数量十分庞大。19世纪中叶，这种动物依旧有较大种群。但在**20世纪初，其数量急剧下降**。

2000年1月6日，全世界最后一只年老的雌性比利牛斯羱羊**西莉亚被倒下的树意外压死**。

比利牛斯羱羊遇到危险时，羊群中的“哨兵”立定，**用头部和耳朵指出危险的方向，发出警报叫声**。

比利牛斯羱羊**有16颗牙**，主要**吃苔藓和草**。

比利牛斯羱羊的**寿命为12~17年**。

比利牛斯羱羊的**天敌**包括欧洲棕熊、鹰、豹等**食肉动物**。

初冬，比利牛斯羱羊会**迁徙到海拔更高的山区**，并在那里繁殖，公羊为争夺交配权会展开激烈的角斗。

比利牛斯羱羊**灭绝于2000年**。其灭绝原因众说纷纭，人类的滥捕、栖息地被破坏、家畜带来的草场竞争以及传染病等因素都造成了悲剧的结局。

2000年，两个西班牙和一个法国科研团队和当地政府达成协议，**使用克隆技术复活比利牛斯羱羊**，并且将其放回原本的出生地。

2003年，**克隆的比利牛斯小羊羔出生后仅7分钟就死亡了**，克隆计划随后中止。

比利牛斯羱羊灭绝后，西班牙和法国将其他亚种的**西班牙高地山羊引入山区**。2018年，这些外来的山羊数量已接近100只。

灭绝动物档案
大海雀
分类
鸻形目、海雀科
身高
75～85 厘米
体重
约 5 千克
喙长
约 11 厘米
翼长
约 15 厘米
特征
身体呈纺锤形，翅膀很小
180cm
0cm

大海雀

不会飞的北极“企鹅”

与16世纪的很多探险家一样，雅克·卡地亚也希望能找到从欧洲到亚洲的新航线。1534年4月，他在法国国王的资助下横渡大西洋，船队一路向西劈波斩浪，足足花了20天时间，终于驶入了加拿大的东北部海域。

此时，海面上雾气缭绕，远方的巨岩若隐若现，海风中忽然传来一阵沙哑低沉的怪叫，听得全船的人毛骨悚然。卡地亚拿起望远镜看向远方，视野中浮现出一座不知名的小岛。浅滩上，许多黑白色的大鸟密密麻麻地聚集在一起，昂着脖子鸣叫。它们的头和背都是黑的，腹部是白的，脸上也有两块白斑，乍一看如狰狞的大眼，让人想起传说中的海妖。

小贴士

雅克·卡地亚（1491年—1557年），法国探险家。他一生进行过三次远航，虽未能开辟新航路，但为欧洲人打开了加拿大的大门。他也是第一位宣称加拿大属于法国的人。此后的数百年间，加拿大向欧洲输入了大量皮毛，促进了欧洲经济的繁荣。

卡地亚从没见过这种大鸟，但他已顾不上害怕了，经过了长时间的航行，现在他们急需食物补给。而这些肥肥胖胖的大鸟，也就是后来所知的大海雀，在饥饿的船员眼中，就像圣诞节火鸡一样诱人。于是船队笔直地驶向小岛，水手们惊奇地发现，大海雀根本不会飞，而且不太怕人。它们在陆地走得很慢，一摇一摆的，随便一赶就自己跳到船上去了。杀死它们更加简单了，根本用不上火枪，棍棒之类的工具就足够了。但是水手们也发现，你可别给这些大鸟潜水的机会，它们在海里像鱼雷一样迅捷。

卡地亚回忆起当时的情景，激动地写道：“这些黑白两色的大鸟，长着像乌鸦一样的喙，有些鸟的个头简直比鹅还大，而且这种鸟胖得流油。不到半个小时，我们抓到的大鸟就装满了整整两船。我们品尝了新鲜的鸟肉，还将剩下的鸟肉用盐腌起来，每条船上都腌制了满满五六桶。”

结果，卡地亚一伙人残忍地杀死了近 1000 只大海雀，还在甲板上养了很多活的。船队返航后，大海雀的故事一传十，十传百，很多人都知道了世上还有这样一种傻鸟。不久，大西洋上其他几处类似的鸟岛，也陆续被人类发现了。几乎所有来到这里的探险船，都把大海雀当做免费大餐。

尽管大多数时间都漂泊在海面上，但处于繁殖期的大海雀总是扎堆聚集在岛上，这让人类的大规模捕杀变得很容易。欧洲商人们很快意识到，大海雀的每一寸皮肉都蕴藏着巨大的商业价值：肉和蛋是美味食材，皮能缝制衣服，脂肪能炼油，羽毛能制作床垫、枕头和时髦帽子……16 世纪以后，由商人资助的远洋船队，在金钱的驱使下，疯狂地屠杀了数以万计的大海雀，拉开了大海雀灭绝的序幕。

1785 年，英国探险家乔治·卡特赖特担忧地写道：“船队从芬克岛满载而归，主要货物是大海雀等鸟类。近几年来，这已经是司空见惯的事了。一些水手甚至整个夏天都住在那个岛上，唯一的目的就是杀鸟，然后拔下羽毛。杀戮所造成的破坏是惊人的，如果不立即停止这种行为，岛上的鸟群将会锐减直至消失，特别是那些大海雀。”

芬克岛是人类已知最大的大海雀繁殖区。1794 年，一位名叫亚伦·托马斯的人，描述了水手们的残忍行径：“如果你们为了大海雀的羽毛而来，不用费功夫杀死它们，抓住后把最好的羽毛薅下来，让这些光秃秃、皮开肉绽的可怜家伙随波逐流、自生自灭就行了，虽然这个方法也不人道。你们在岛上总是做些残酷的事，不仅要活着剥下鸟皮，还要点燃大海雀的油脂，趁着鲜活时候烧烤它们。”

芬克岛的大海雀是这个物种的缩影。毫无疑问，人类的捕杀远远超过了这种鸟的繁殖速度。大海雀是一雌一雄相伴终生的动物，并且一窝只生一个蛋。而在那些偏远荒芜的鸟岛上，还有猎人常年蹲守，只为在大海雀繁殖期偷走鸟蛋。后来老鼠也偷渡上岛了，这对鸟蛋和雏鸟造成了极大伤害。

一些蒙昧无知的欧洲人，坚信大海雀是巫婆的化身。传闻一场暴风雨过后，苏格兰的赫布里底群岛上出现了一只迷途的大海雀。于是，当地居民将暴风雨造成的灾害归咎于这只鸟，并用石头砸死了它。

到了 19 世纪，经过 300 多年的疯狂屠杀，大海雀已经在大西洋两岸极为稀有了。但欧洲各地的博物馆和收藏家还在火上浇油，他们提供巨额悬赏，求购珍贵的大海雀的标本。1830 年，欧洲技术工人的平均年薪刚刚超过 18 美元，而一张大海雀皮就能买到 16 美元。利欲熏心的探险家为了捕杀大海雀，甚至不惜冒险登上最偏僻、最陡峭的海岩。

就这样，其他地方的大海雀都绝迹了。冰岛西南方的“大海雀岩石”，成了大海雀最后的避难所。它是一处遗世独立的火山岛，岛上绝壁陡峭，四周海浪湍急，船只难以靠近。但在 1830 年 3 月，一场突如其来的海底火山喷发摧毁了这个世外桃源。劫后余生的大海雀，被迫向北迁移，移居到了埃尔德岛。

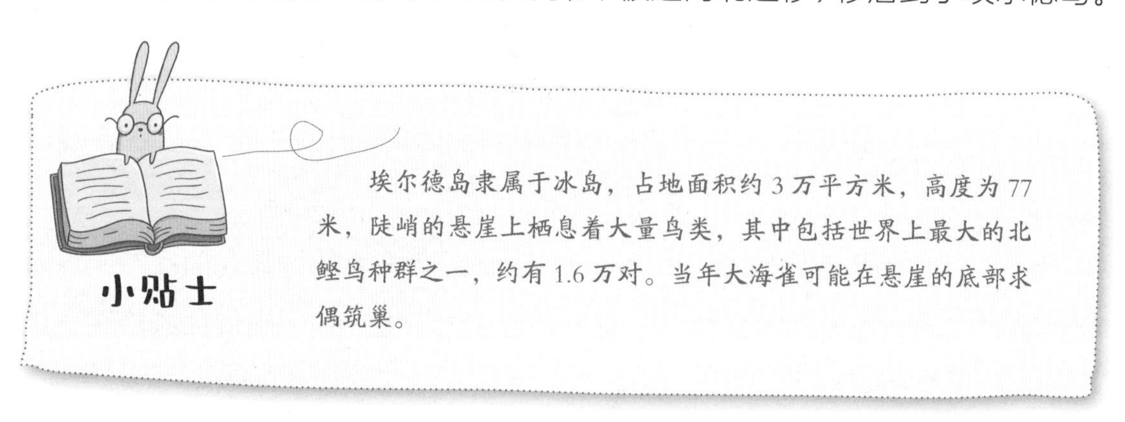

埃尔德岛隶属于冰岛，占地面积约 3 万平方米，高度为 77 米，陡峭的悬崖上栖息着大量鸟类，其中包括世界上最大的北鲣鸟种群之一，约有 1.6 万对。当年大海雀可能在悬崖的底部求偶筑巢。

埃尔德岛与冰岛相距只有 16 千米，当年常有人在小岛上捕鸟、捡鸟蛋。1835 年，埃尔德岛上的大海雀仅剩约 50 只，这就是这个物种的最后种群了，它们在这里艰难地生存繁衍着。只可惜，虽然博物学家留意到了这种可怜动物的生存危机，但早期的各种环保措施收效甚微，人类没来得及挽救它们。1844 年 6 月 3 日，一对正在孵蛋的大海雀，被几名冰岛水手发现了，他们毫不留情地勒死了雌鸟和雄鸟，慌乱中最后一枚蛋也被不小心弄碎了。大海雀的最后一次目击记录定格在 1852 年，自此，这个物种就从地球上永远地消失了。

小贴士

1758 年，瑞典分类学家卡尔·林奈在《自然系统》一书中详细描述了大海雀。他称这种鸟为“penguis”，意思是“丰满的”，这个拉丁语词汇后来演变成英语的“penguin”（企鹅）。

在大海雀命名的时代，欧洲人并不知道南极有企鹅。此后一百多年，探险家来到南极海域，看到冰川上那些步履蹒跚、不会飞的胖鸟非常像北半球的大海雀，就把南极企鹅也称为“penguin”。实际上，大海雀和企鹅亲缘关系很远。

大海雀大数据

大海雀**科学发现于1758年**，发现者是瑞典分类学家卡尔·林奈。

大海雀的拉丁学名是*pinguinus impennis*，意思是“**丰满且缺乏飞行羽毛**”。

大海雀在分类上属于海雀科、大海雀属。它是人类已知的**海雀科第二大鸟类**，也是海雀属延续到现代的唯一物种。它的近亲是刀嘴海雀和小海雀。

大海雀的法语名字意为“**长矛鸟**”，在爱尔兰语中叫“大海鸟”，因纽特人称之为“小翅膀”。

“**penguin**”（企鹅）的名字**本是属于大海雀的**，只是由于南极企鹅被发现得较晚，其长得又像大海雀，所以就被称作“penguin”了。

大海雀的分布范围横跨北大西洋，东至加拿大、格陵兰岛，西至西班牙、英国、冰岛、挪威。虽然**分布范围很广**，但**数量并不多**。

大海雀的背和脚均为黑色，腹部为白色，眼睛为栗色。**不同季节咽喉的羽毛会改变颜色。**

夏季大海雀的**眼睛前面有白色斑点**，但到了**冬季斑点就消失了**，在两眼之间延伸出一条白线。未成年大海雀只有白线，而没有白色斑点。

大海雀的**喙沉重而有弯钩**，表面还有凹槽，凹槽夏天较多，冬天较少。

大海雀**不会飞，但极擅长游泳**。虽然它在陆地上显得笨拙，但在水中却非常敏捷。

大海雀是**潜水高手**，可轻松下潜到76米的深度，有些观点甚至认为，它能下潜到1000米。

大海雀在海水中可以**屏住呼吸15分钟**，比海豹憋气的时间还要长。

大海雀身体有一层**保暖的脂肪层**，所以看起来胖乎乎的。

大海雀的寿命**约为25年**，4~7岁时性成熟。

大海雀的**天敌不多**，北极熊、虎鲸、白尾海雕可能会捕食它们。

大海雀主要吃**鱼和甲壳类**动物。冬天，它们会成对或成群向南迁移。

大海雀会发出**低吼和嘶哑的尖叫声**，在它们焦虑时，圈养的大海雀还会发出咯咯的声音。

大海雀通常**在海平面觅食并休息**，而到了繁殖期，它们会成群聚集在大西洋的几个孤岛上。

大海雀**对繁殖地要求苛刻**，必须是远离大陆的多石小岛。人类至今只发现了芬克岛、埃尔德岛等7处大海雀的繁殖地，其中芬克岛规模最大。

大海雀**不会搭窝**，只在裸露的岩石上生蛋，而且每次只生一个蛋。大海雀的蛋是白色的，直径约7厘米，有褐色的大理石花纹。

大海雀是**一雄一雌相伴终生的鸟类**，两只成鸟都参与孵蛋。孵化期约6周，雏鸟破壳后2~3周可以离巢，但父母要继续照顾它们。

十万年前，大海雀就是欧洲**尼安德特人的食物**了，西班牙等地的岩洞壁画中也有这种鸟的画像。

美洲原住民也有**捕杀大海雀的习俗**。考古发现，许多原住民遗骸和大海雀埋在一起，坟墓中出土了200多个硕大坚硬的鸟喙，有的人甚至是盖着鸟皮下葬的。

当代博物学家都没见过活的大海雀，对它们的描述都是从水手、渔民等从业者那里听来的。

为了警钟长鸣，美国鸟类学家联盟主办的科学杂志被命名为“**the auk**”，即大海雀。

大海雀最后的目击记录在1852年，该物种亦**灭绝于1852年**。

大海雀是英国有史以来灭绝的唯一一种鸟类。它的灭绝并促成了英国**《海洋鸟类保护法案》**的通过。

随着时间的流逝，**大海雀标本的收购价不断上升**。1898年，大海雀皮或鸟蛋能卖到1400美元，相当于一个熟练工人年薪的12倍。

全世界约有**78件大海雀的剥制标本**，75个鸟蛋标本，以及24件完整骨骼标本。

灭绝动物档案
高加索野牛
分类
偶蹄目、牛科
头身长
3～3.4 米
肩高
1.8～2 米
尾长
30～80 厘米
体重
400～800 千克
特征
长有稀疏的茶色卷毛
180cm
0cm

高加索野牛

桀骜不驯的“牛中巨人”

距今约一万年前，欧洲大地的风景，与今天迥然不同。绵延千里的原始森林，孕育着数以百计的珍奇物种。密林深处，人类尚未涉足，仅是野生动物繁衍生息的乐园。

作为土生土长的食草动物，欧洲野牛徜徉在这片林海之中，这种肩高近两米的“牛中巨人”，足迹曾踏遍大半个欧洲。它们并不迁徙，十余头组成一群，慢悠悠地在林地采食青草、树叶和橡果。野牛的头小而高昂，角短而粗钝，阳光洒在它们棕黄色的皮毛上，魁梧的背脊如同一座座小山，在林间缓缓穿梭，若隐若现。

小贴士

野牛的身材从侧面看很魁梧，从正面看很清瘦。这是一种进化策略，不仅保留了野牛高大的外形轮廓，能威慑侧面的捕食者，还极大限度地保留了野牛的速度和敏捷性。

小贴士

在欧洲的史前岩画中，野牛的形象时有出现。人们之所以能细致地描绘这些动物，说明当时野牛与人类的活动范围有重叠。但欧洲野牛从未被人类驯化，它不是家牛的野生祖先。常见的黄牛是由“原牛”驯化而来的。

如此祥和的一幕，容易让人产生野牛如家牛般温顺的错觉。大多数情况下，野牛确实是平和、慢节奏的动物，但它们有阴晴不定的“牛脾气”，一旦有什么事拨动了敏感的神经，这些大块头就会毫无预兆地横冲直撞。

有位博物学家曾这样描述：“野牛是好斗、危险而野蛮的动物。”特别是在发情季节，公牛们摩拳擦掌，蠢蠢欲动。激烈的斗殴在雄性之间时有发生，不论是牛角角斗，还是头部冲击，威力都是巨大的。这个时候靠近暴躁的野牛群绝非明智之举，野牛发起攻击时，两只犄角轻易就能将人顶飞，如同挑飞一个沙袋。

数百千克的体重，惊人的速度和敏捷性，暴躁的脾气，令大多数食肉动物对野牛望而却步。除了灰狼和棕熊之外，人类是欧洲野牛为数不多的天敌之一。但与那些野外的天敌不同，人类造成的威胁是最彻底、最严酷的。在 20 世纪初，欧洲野牛的亚种“高加索野牛”，就是因为人类的影响走向了灭绝。

小贴士

欧洲野牛分为两个亚种：高加索野牛和波兰野牛。高加索野牛体型偏小，适宜山地生活，主要分布区为高加索山脉，因此而得名。而波兰野牛喜欢平原环境，主要生活在波兰的巴洛维耶森林。

高加索野牛被人类捕杀的历史已有 3000 年了，近代火枪的使用让它们无力招架。随着欧洲人口增加，原始森林遭到砍伐，栖息地不断缩小，高加索野牛的藏身之处、食物来源都在减少。面对人类对自然的肆意掠夺，野牛节节败退。到了 20 世纪初，高加索野牛的分布区缩小到了高加索山脉西部的深山老林中。

这片山林是俄国沙皇的保护地，一年中的大部分时间里，如同一座动物保护区。在狩猎法令的约束下，高加索野牛得以苟延残喘。1860 年前后，这里的野牛还有约 2000 头；到了 1914 年，还剩下约 740 头；1917 年，只剩约 500 头……当第一次世界大战进入尾声，一场突如其来的政治事件彻底改变了高加索野牛的命运。

1917 年年末，俄国爆发革命，国家陷入动荡，沙皇施加于高加索山林的狩猎法令丧失了强制力。偷猎者看准空子，大发国难财，将枪口对准了残存的野牛。野牛的肉和皮可以卖钱，而且当时野牛被视为宫廷的宠物、皇家的象征，因此而遭到仇杀。短短 4 年之后，高加索地区的野牛只剩约 50 头了。

尽管几年以后，新政府又把这片森林划为保护区，但偷猎行为屡禁不止，一切已是惘然。1925 年 2 月，最后一头人工饲养的高加索野牛死于德国汉堡的圈舍中。1927 年，高加索地区最后的一头野牛也被人类猎杀。从此，世界上再找不到纯种的高加索野牛，这个亚种宣告灭绝。

小贴士

作为欧洲野牛的另一个亚种，波兰野牛在 20 世纪初也惨遭浩劫。一战中，它们的栖息地，巴洛维耶森林遭到了德军的占领和疯狂砍伐，大约 600 头波兰野牛被德军和偷猎者杀死。此后数十年间，人们通过人工繁育力挽狂澜，才扭转了波兰野牛的灭绝命运。

高加索野牛大数据

高加索野牛**科学发现于1904年**，发现人是俄国动物学家君士坦丁·萨图宁。

高加索野牛的拉丁学名是*Bison bonasus caucasicus*，中文意思是**高加索地区的野牛**。

世界上**现存两种野牛**：美洲野牛、欧洲野牛。美洲野牛主要栖息在草原上，而欧洲野牛喜爱森林环境。

欧洲野牛是欧洲最重的陆生动物，**最高体重记录可达1900千克**。

欧洲野牛分为高加索野牛和波兰野牛，它们都生活在欧洲森林中。**高加索野牛已于1927年灭绝**。

高加索野牛的**皮毛为棕黄色**，毛发稀疏，微微打卷，后半身颜色较深，尾巴发黑。

高加索野牛是**群居动物**，但不会集结大群，一般组成10头左右的小群生活。牛群由雌性率领。

野牛有**领地意识**，领地通常靠近水源。

高加索野牛的**天敌包括亚洲狮、里海虎、灰狼、棕熊**等等。

野牛能在“立定起跳”的情况下，跳过3米宽的河流，跃过2米高的障碍物。**一般牛羊用的矮栅栏根本挡不住它。**

野牛的奔跑速度可达**每小时50千米**。

繁殖季节，**公牛会进行决斗**，以争夺交配权。

野牛的怀孕期约为260天，**一胎只产一崽**。初生的幼崽体重约为25千克。

野牛是**食草动物**，主要吃青草、树叶、植物果实。一头成年公牛每天要吃32千克草料。

野牛**每天都要喝水**，冬天它们会用坚硬的蹄子凿冰取水。

野牛在**人工饲养条件下能活到30岁**。雌性比雄性的寿命长。

直到17世纪，高加索野牛还在高加索山脉西部分布广泛。但因为当地人口增加，偷猎屡禁不止，野牛数量下降。

最后一头人工饲养的高加索野牛名叫“**考卡萨斯**”，它出生于1907年，1岁时被从高加索山脉带到德国，并在德国生活了约17年，最后衰老死去。这头公牛与雌性的波兰野牛进行了繁殖，成功繁育了“混血”幼崽。

灭绝动物档案

欧洲野马

分类	奇蹄目、马科
头身长	约 1.5 米
体重	约 250 千克
肩高	约 1.3 米
寿命	约 25 年
特征	皮毛为鼠灰色

欧洲野马

现代家马的野生祖先

1876 年，在俄国的一个小村庄里，养马人保罗 · 索索耶夫发现，马群里混进了一个“不速之客”。这是一匹灰色的母马，它有硕大的脑袋，黑色的短腿。与那些高大威武的家马相比，这匹马身材矮小，外形轮廓与其说像马，倒不如说像羊。

听村里的老人说，这匹母马并不是家马，而是名副其实的野马。早年间，这种灰色的野马在东欧大草原上很常见，但近些年已经极为稀少了。当村民们好奇地靠近它，灰色母马竖起耳朵撒腿就跑，速度惊人，大家始终无法接近它。

就这样，一晃过去了三年。1879 年，一个白雪皑皑的冬日，不知哪位村民心血来潮，几个人搭帮结伙，一心要征服这匹野马。

当地村民捕捉野马有一套土办法：一般选在积雪较厚的时候。等野马游荡到近处，几个人分别骑上快马从远处包抄，等双方的距离拉近，经验丰富的驯马人便翻身跳上野马的背，像牛仔一样揪住马鬃，任凭野马怎样蹬踹、跳跃，也要降服住它。

但出人意料的是，这匹性情刚烈的母马不肯束手就擒，面对人们的围堵，它宁死不屈，愤然跳下深谷，最终摔断了腿，壮烈死去。那时候，人们还不知道，这匹母马就是东欧克里米亚地区的最后一匹欧洲野马。而短短三十年后，世界其他地区的欧洲野马也全都消失了。

作为家马的野生祖先，欧洲野马曾经百千成群，驰骋原野，它们为何会走向衰落？这个故事还要从几万年前讲起。

在冰河时代，欧洲的大部分土地都是茂盛的草原，有成群的猛犸象、披毛犀、大角鹿和草原野牛……欧洲野马与这些大型食草动物共享着栖息地。然而，在距今约 1.2 万年前，气候发生了巨大变化。年复一年，草原被广袤的森林所取代，欧洲野马的分布范围日益缩小，一部分野马被迫藏身于森林和荒漠之中。

除了气候变化的威胁，伴随着人类文明的进步，欧洲野马面临着新的危机。在漫长的岁月中，原始人猎杀野马，食用马肉，敲骨吸髓，以马皮御寒，解决一部分日常吃穿问题。与此同时，野马潇洒的身姿赋予了古人艺术灵感，人们在岩壁上一遍遍勾画出它的图案。

古代人经过漫长的驯养和选育，最终将一部分欧洲野马的后代驯化为家马。家马不仅性情温顺，还能用来骑乘、驮物、拉车、耕作、肉食，为人类的生活带来了极大的便捷。而反观那些桀骜不驯，与家畜抢夺牧草的野马，人们对它却越发反感了。

小贴士

“驯化”是指人们通过数百年上千年的选育，使一种动物在体态和性情方面都与野生同类产生差别。比如家马之于野马，或家猪之于野猪。

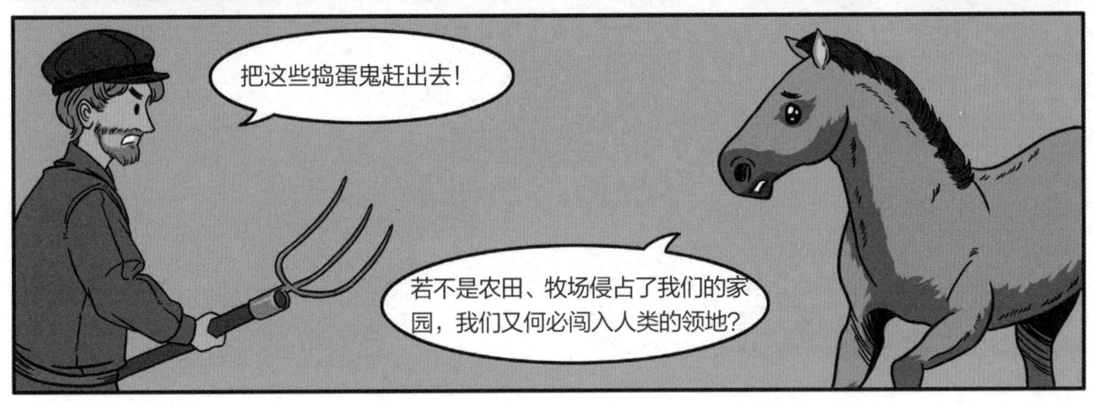

千百年来，欧洲野马被人类当做食物来源和农牧业害兽，惨遭屠戮。在16世纪，还有少部分野马藏身于波兰的巴洛维耶森林中，其后因为森林被砍伐、过度狩猎而亡群灭种。到了19世纪中叶，克里米亚地区的欧洲野马也灭绝了。在野生种群即将消亡之际，动物园中的野马，也由于长期和家马混群饲养，导致基因漂移，血统纯度下降。一时间，纯种野马竟然无处可寻了。

1909年，最后一匹欧洲野马死在了俄罗斯动物园中。这个古老、神秘而孤傲的物种，画上了生命的终止符。

欧洲野马大数据

欧洲野马**科学发现于1785年**，发现者是荷兰博物学家皮耶特·博塔埃特。

欧洲野马的拉丁文学名是*Equus ferus ferus*，直译成中文是“**野马**”。

欧洲野马的英文名是Tarpan，这个词是从**土耳其语**引用过来的，意思是“**野马**”。

欧洲野马曾经分布于包括**西班牙东部到俄罗斯中部的区域**。

欧洲野马的图案曾出现在**3万年前**西欧地区的洞穴壁画中。

在距今约1万年，亚欧大陆的原始居民就完成了野马的驯化。如今的家马都是**欧洲野马的后代**。

欧洲野马的**体型比家马矮**，头部很大，眼睛和耳朵较小。它的马蹄非常坚固，甚至不需要钉蹄铁。

欧洲野马的**皮毛通常为鼠灰色**，腹部为白色，腿部为黑色，背部中心有一道深色的脊线。冬季毛长而厚，颜色偏淡；夏季毛则较短。

欧洲野马的**鬃毛较短**，而且像刷子一样根根直立，这样有助于霜雪从鬃毛上尽快滑落。据说，如果血统不纯正，鬃毛是柔软地垂着的。

欧洲野马很适应寒冷的气候，**比家马更耐寒**。

欧洲野马**极为警觉**，稍有风吹草动便伺机逃跑，用捕鹿的陷阱也很难捉住它。

欧洲野马**性情好斗**，为求自保会激烈地反击。

欧洲野马是**群居动物**，群体数量从几匹到数百匹不等。

欧洲野马的叫声与家马相似，但**声音更响亮**。

欧洲野马是**食草动物**，以草和各种植物为食。其天敌主要是狼和熊等食肉动物。

公元前5世纪，古希腊作家**希罗多德**曾描述，在东欧地区生活着浅色的野马。

12世纪时，**德国哲学家曾留下记录**，在德国领土上生活着带有深色斑纹的鼠灰色野马。

17世纪中叶，波兰的动物园中曾经**展出过欧洲野马**。1826年，一位名叫朱利叶斯·布林肯的人写了一本书，记录了波兰巴洛维耶森林中的动植物，该书中也提到了野马。

1806年，波兰扎莫希奇动物园因为财务问题，不得不出售饲养的欧洲野马。这些野马被送到农场中，并和家马杂交，**未留下纯血统的后代**。

最后一匹欧洲野马**死于俄罗斯动物园中**。因为当时野马普遍存在混血问题，而这匹马又长得像家马，所以有人怀疑它并非纯种的欧洲野马。

欧洲野马**灭绝于1909年**，灭绝原因主要是栖息地被破坏、人为猎杀以及与家马杂交造成的基因漂移。

自20世纪30年代以来，科学家正**努力"复活"欧洲野马**。他们通过家马选育，培育出了外形酷似欧洲野马的海克马、柯尼克马、希格特马等品种，但是这距离"复活"野马还很遥远。

欧洲野马的近亲——**普氏野马依旧存活于世**，但目前已经**濒危**。这两个物种是在约1.6万年前分离的。

分类	雀形目、鸦科
头尾长	54~67厘米
翼展	115~150厘米
尾长	20~26厘米
喙长	5~8厘米
体重	0.6~2千克
特征	头部、腹部、翅膀等处为白色

染色渡鸦
黑白相间的鸦科鸟类

在大西洋北部，冰岛和挪威两国之间，坐落着由18个小岛组成的法罗群岛。数千万年的冰川侵蚀，雕琢出群岛上巍峨的悬崖和壮观的U型谷，常年的大风雨雪天气使这里呈现出一派极地荒原景象。不过，群岛周边海域丰富的鱼群吸引了许多海鸟，刀嘴海雀、海鸠、欧绒鸭、风暴鹱（hù）等珍奇鸟类聚居于此，使群岛成了名副其实的“海鸟天堂”。这些鸟类之中，自然也少不了欧洲著名的投机主义者——聪明的渡鸦。

法罗群岛的总面积为1399平方千米，比上海的崇明岛稍大一些。它的地势最高点是斯莱塔拉山，海拔约为882米。群岛属于靠近极地的海洋性气候，夏季偏凉，平均气温约为10℃，一年之中约有260个降雨日，晴朗的日子很少。岛上的动物以鸟类为主，在人类带着家畜抵达之前，这里没有陆生哺乳动物。

渡鸦
乌鸦
我的体型比乌鸦大，喙也更厚重。
渡鸦
乌鸦
我的尾羽呈菱形，乌鸦的尾羽呈扇形。
渡鸦
乌鸦
我的喉部羽毛参差不齐，乌鸦的喉部羽毛很平顺。
渡鸦
乌鸦
哇
我的叫声比乌鸦更凄厉，更响亮。

渡鸦
那只鸟是乌鸦还是渡鸦？
呱
染色渡鸦
欧绒鸭
法罗群岛出名的“染色渡鸦”你都不认识？！你不是脸盲，是色盲吧……

小贴士

渡鸦的分布范围遍及北半球，即便在气候严酷的青藏高原也能找到它的踪迹。这种鸟主要栖息在草原、森林边缘和海岸。在海岸地带，渡鸦喜欢在海边峭壁上筑巢，因为这里临近水源并有丰富的食物。同时，海岸地区气温相对稳定，不会出现太冷或太热的极端气温。

渡鸦是狡猾的投机主义者，对食物来者不拒，而且不放过任何偷吃的机会。它们会肆无忌惮地偷吃其他鸟的蛋，有时甚至会捕食雏鸟或者成年鸟类。即便是猫头鹰、老鹰等猛禽的蛋也不放过。

渡鸦是雀形目中体型最大的鸟类，翼展可达 1.5 米。它不仅体型大，还喜欢群居，在野外几乎没有天敌。放眼望去，成群的渡鸦一会儿振翅翱翔，凌空翻转，炫耀出色的飞翔技巧；一会儿在峭壁上嬉戏，彼此追逐，和其他动物玩捉迷藏。还有的渡鸦被好奇心驱使，沿着雪堆往下滑，在海岸边寻找闪亮的圆石头，享受着游戏的乐趣。渡鸦时而深沉，时而放声鸣叫，它们刺耳的叫声在空旷的峡谷中久久回荡。

常见的渡鸦全身都是黑色羽毛。但在 1848 年以前，法罗群岛上除了纯黑色的渡鸦之外，还能看见一类奇特的染色渡鸦。这类渡鸦的羽毛黑白相间，它的头部、腹部是雪白的，背部和胸部是乌黑的，翅膀和尾羽黑白交杂，外表不仅不丑，还很花哨。

由于羽毛颜色独特，染色渡鸦在距今 500 多年前就被人写入过诗歌作品。18 世纪以后，随着欧洲地理大发现和博物馆收藏之风的兴起，染色渡鸦的名声很快传到了欧洲大陆。

小贴士

渡鸦会观察其他鸟类储藏食物的过程，记住储藏位置，以便随后偷东西。为了避免被同类偷窃，渡鸦捕获猎物后，一般会多飞一段距离，以便更隐秘地藏匿食物。它们还会在没有食物的情况下假装储存食物，大概是为了迷惑旁观者吧。

渡鸦在全球分布广泛，亚种数量超过 8 个。生活在法罗群岛的渡鸦是渡鸦的冰岛亚种，而染色渡鸦是冰岛亚种的一个特殊类群。黑白相间的羽毛使染色渡鸦更适合海岛生活，但它们经常被纯黑色的渡鸦排挤和欺负，种群数量并不太多。

染色渡鸦除了羽毛颜色独特，行为和黑色渡鸦基本没有区别。造成它们羽色变化的原因是一种特殊的隐性基因。两只染色渡鸦交配，或者两只同时携带有特殊隐性基因的黑色渡鸦交配，都有可能生下黑白相间的后代。

19 世纪初期，染色渡鸦的数量还比较多。据一名叫格拉巴的人说，他曾在 1828 年观察到十多只染色渡鸦，当时这种鸟在群岛上十分常见。但是短短 20 年之后，到了 19 世纪中叶，染色渡鸦的数量开始急剧下降。

听说偏远的法罗群岛有一种稀有的染色渡鸦，收藏家们不由得眼冒绿光。在占有欲和猎奇心理的鼓动下，欧洲的标本猎人纷至沓来，开始在渡鸦群里选择性地捕杀染色渡鸦。染色渡鸦被大量捕杀，送往丹麦的首都哥本哈根。

一位名叫汉斯·克里斯托弗·穆勒的人曾在法罗群岛担任地方长官。他曾花费两枚丹麦银币买了一件染色渡鸦标本。这样一笔钱，对于法罗群岛上的农民来说是一笔可观的收入。自此，捕杀染色渡鸦成了一项有利可图的生意，当地的农民争相效仿。

除了来自私人收藏家的威胁，渡鸦还面临着官方的“通缉”。由于渡鸦的食性很杂，常偷吃坚果和谷物，还会攻击年幼的羊羔。19 世纪中期，皇家法令规定，每个到了狩猎年龄的法罗群岛男子，每年至少要射杀一只渡鸦或者两只掠食性的鸟类，不然就要被罚款。就这样，日渐稀少的染色渡鸦不仅没有受到政府的保护，还成了官方认证、人人喊打的害鸟。

小贴士

渡鸦黑色的羽毛和吃腐的习性常常引起人们负面的遐想。在一些西方国家传统文化中，渡鸦被认为是象征不祥和死亡的鸟。在瑞典，渡鸦被认为是杀人者的灵魂。在丹麦的传说中，渡鸦因吃了国王的心脏而获得了人类的知识，而且拥有灵异力量，能引导人们误入歧途。在伊朗和阿拉伯国家，渡鸦也被认为是一种不祥的鸟。

随着染色渡鸦数量的骤降，它们被射杀和观测的记录也越来越少，甚至下降至个位数：1902 年 11 月，一只染色渡鸦在法罗群岛的麦克尼岛上被人射杀；1916 年，一只染色渡鸦在科尔特岛被观察到；1947 年寒冬，有人在诺尔岛发现了一只染色渡鸦，但这只鸟在 1948 年消失了。

从此以后，人类再也没发现过一只染色渡鸦，这个羽色独特的渡鸦类群，终因人类的滥杀而走向了灭绝。

时至今日，近一个世纪过去了，随着人们环保观念的提升，法罗群岛上的渡鸦种群又得到了恢复。遗憾的是，如今的渡鸦群中只有单调的黑色，再也找不到黑白相间的染色渡鸦了。

染色渡鸦大数据

染色渡鸦**科学发现于1758年**，发现者是瑞典博物学家卡尔·林奈。

染色渡鸦的拉丁文学名是*Corvus corax varius* morpha *leucophaeus*，直译成中文是“**渡鸦的暗白变形**”。

染色渡鸦是**法罗群岛上特有的鸟类**。

由于羽毛颜色特殊，染色渡鸦**曾被认为是独立的物种**，但现在人们认为，它是渡鸦冰岛亚种下的一个变色类群。

染色渡鸦的**俗名很多**，比如白乌鸦、白胸乌鸦、白斑乌鸦、杂色乌鸦、花斑乌鸦等。

所有染色渡鸦都长得相似，它们白色羽毛的区域很固定，也很规律。它的头部、胸部为白色，翅膀和尾巴羽毛黑白交杂。

除了羽毛颜色独特，染色渡鸦的**行为和欧洲的渡鸦没什么区别**。

渡鸦能发出**响亮而多样的鸣叫声**，包括喉部发出的呱呱声、格格声、尖锐刺耳的金属声、高亢的敲打声、低沉的嘎嘎声。渡鸦还可以模仿环境中的声音，甚至模仿人类的说话。

渡鸦的**智力在鸟类中名列前茅**。它们具有很高的洞察力和认知能力。有语言学家认为，渡鸦能像蜜蜂一样告诉同伴某一件东西的方向和距离。

渡鸦**通常成对活动**，年轻的渡鸦也会结成大群。凭借群体优势，它们时常攻击猫头鹰、苍鹰、秃鹰等猛禽。

渡鸦是**杂食动物**，爱吃植物果实、腐肉、鼠类、蛙类、蜥蜴、昆虫、鸟类及鸟蛋等。它们很乐于在人类的垃圾填埋场、污水处理厂、人工池塘等地觅食。

渡鸦**能协助狼等食肉动物捕猎**，等待后者撕开动物的尸体，它就试图分一杯羹。

渡鸦**有领地意识**，一雄一雌组成家庭，伴侣关系将保持终生。

渡鸦的**求偶飞行十分壮观**，包括随气流翱翔和空中翻滚等惊险动作。

渡鸦的**产卵期在每年的2月初**，但各地气候不同，产卵期也会提前或延后。

渡鸦的**巢一般建在大树顶上或者悬崖上**，在城市中也可能建在楼顶或电线杆上。

渡鸦的**巢呈碗状**，直径可达1.5米，由树枝和粗枝筑成。巢的外层主要是树根和树皮，内层衬以撕碎的树皮或动物毛、羽毛等柔软材料。

渡鸦**每次生 3~7 枚蛋**，蛋为青绿色，带有灰色斑点。

渡鸦**雌鸟负责孵蛋，雄鸟在旁守护**。经过 18~21 天的孵化期，雏鸟破壳。此后，双亲共同喂养雏鸟约 40 天，直至幼鸟出巢。出巢后的幼鸟会继续和双亲生活 6 个月。

年幼的渡鸦**喜欢玩耍**，同类之间会在飞行中相互握住爪子角力，也能和狼、水獭等动物玩捉迷藏。

渡鸦是少数**会制作玩具**的野生动物之一，它们会用折断的树枝当玩具进行社交。

渡鸦**喜欢偷窃**，会收集闪亮的鹅卵石、金属碎片等物品。

渡鸦会对农作物和牲畜造成伤害，因此常被人类当做**害鸟**。有时候渡鸦食用腐肉的行为会被误解为杀死了牲畜。

渡鸦是**西尼罗河病毒的最终宿主**，这种病毒有可能从鸟类传染给人类。

染色渡鸦**灭绝于 1948 年**，灭绝原因是人为捕杀。收藏家和博物馆对标本的需求加速了这些鸟的消亡。

法罗群岛的首都“托尔斯港”的自然历史博物馆曾举办过一次**关于染色渡鸦的展览**。

法罗群岛的一位画家曾描绘了岛上的 18 种鸟类，其中右下角的动物即是染色渡鸦。这幅画目前在**托尔斯港的法罗艺术博物馆展出**。

1995 年 6 月，法罗群岛邮政局曾发行了一枚染色**渡鸦主题的邮票**。

目前有 **15 件染色渡鸦标本**保存在世界各地的博物馆中。其中哥本哈根有 6 件，纽约有 4 件，吴普萨拉有 2 件，莱顿有 1 件，不伦瑞克有 1 件，雷德斯顿有 1 件。

灭绝动物档案
白令海牛
分类
海牛目、儒艮科
头尾长
7~9米
腰围
约6米
体重
8~10吨
特征
头部很小，尾巴分叉，嘴里没有牙齿
180cm
0cm

白令海牛

海牛家族中的“巨无霸”

1733 年 4 月的一天，由探险家维托斯·白令率领的探险船队，踏上了探索俄国北极海岸的征程。早在 1724 年，维托斯·白令就率队进行过一次北极海岸探险，只可惜，那次探险虽然证明了亚欧大陆和北美大陆并不相连，但在对北美、北极海岸线的探索方面并不彻底，留下了许多遗憾。这第二次探险，对于维托斯·白令来说是梦寐以求的。

小贴士

维托斯·白令，俄国航海探险家，俄国“大北极探险”船队的指挥官，为人类认识北极做出了贡献，最后病死在探险途中，白令海牛、白令海、白令海峡、白令岛等都是后人为纪念他而起的名字。

探险船队沿着俄国的北极海岸一路向东，一转眼八年过去了。1741 年 7 月中旬的一天，他们抵达了欧亚大陆的最东端。远方隐隐显现出一座云雾缭绕、白雪皑皑的山峰，那是北美洲阿拉斯加地区的“地标”——圣埃利亚斯峰。

在太平洋的北部，亚欧大陆和北美大陆竟然隔海相望！这个发现将轰动世界！白令马上命令返航，他要将这个消息以及旅途中数不胜数的新发现向世人公布。

高高扬起风帆，探险船乘风破浪，只要抵达了堪察加半岛上的俄国港口，迎接他们的将是英雄般的待遇！船员们沉浸在“衣锦还乡”的喜悦之中，胜利仿佛近在眼前。谁会想到，一场突如其来的风暴，给他们带来了终极的考验。

1741 年 11 月，在肆虐的风暴中，探险船遇难搁浅了。眼前浓密的大雾徐徐散开，一片白雪覆盖的陆地显现出来。许多人先是松了一口气，他们以为歪打正着，抵达了堪察加半岛。但在登陆后，现实却将他们推入了绝望的深渊——这个岛的面积虽然比我国长江口的崇明岛还要大，但四处光秃秃的。

即便如此，为了寻找御寒物资和食物，船员们只能选择住在岛上。随着深冬的到来，事态每况愈下。呼啸的大风将搁浅的探险船撕扯得支离破碎。气温低至 0℃以下，却找不到充足的柴火取暖。由于长时间吃不到蔬菜，许多船员罹患了坏血病。船上仅剩的食物无法再让几十人吃饱。在寒冷、饥饿和疾病的折磨中，很多人痛苦地死去。当年的 12 月，探险队的灵魂人物——指挥官白令也去世了。究竟该如何熬过这个冬天？摆在这几十位船员面前的只有死路一条吗？

白令去世之后，临危受命担任指挥的是博物学家威廉·斯泰勒，他在医学和动植物学等方面的知识，在“荒野求生”中发挥了重要作用。

威廉·斯泰勒带领大家在岛屿的周边进行自然考察，发现这里生活着海獭、海狗、鸬鹚等动物。为了活命，船员们猎捕海獭，并将皮毛用于保暖；猎捕鸬鹚，吃它们的肉和蛋。

小贴士

格奥尔格·威廉·斯泰勒，德国博物学家、医生、探险家，维托斯·白令的航海探险伙伴。著有《海中野兽》，是硕果仅存的有关白令海牛自然、生态、骨骼、习性等生物学研究证据。

他们还在河流入海口附近发现了成群的巨型海牛——白令海牛，这种动物是所有人都闻所未闻、见所未见的，它们体长大多超过 7 米，腰围超过 6 米，是当时地球上仅次于鲸类的海洋巨兽。远远看去，大海牛隆起的背部就像翻覆

的船底，黑褐色的皮肤如同干枯的树皮。据推测，当时威廉·斯泰勒等人所滞留的岛屿周边，约有 2000 头大海牛。

真是天无绝人之路啊！相比机敏警觉的海豹、海狗，大海牛行动迟缓，性格异常温顺，对食性单一的它们来说，海藻的卡路里极为有限，要长成如此庞大的身躯，就需要不停地吃。它们会把头一直埋在水下，因此更容易被捕获。只要猎捕 1 头海牛，便能获得大约 3 吨的脂肪和肉，从此船员们再也不用担心伙食问题了。除此之外，大海牛身体的各个部分都能在生活中派上用场。海牛的脂肪可以炼油照明，奶水可以饮用或者制成黄油，海牛皮还能制成衣服、鞋子、皮带，甚至船只的防护层。

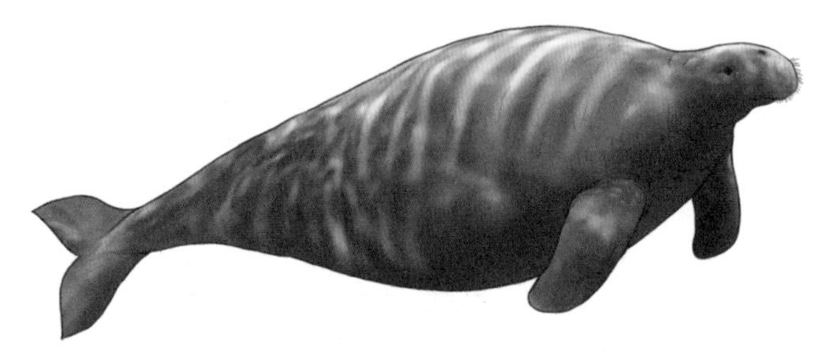

有了这些大海牛，船员们终于熬过了艰难的寒冬。1742 年的夏天，斯泰勒带领大家用探险船的残骸改造了一艘 12 米长的新船。劫后余生的 46 名幸存者驾着船向西出发。他们在浩瀚的大海上航行了数百千米，终于抵达了堪察加半岛的俄国港口，为这次历时十年（1733-1743 年）的航海探险之旅画上了迟来的句号。

为了纪念出师未捷身先死的探险家维托斯·白令，后人将探险船搁浅的岛屿命名为白令岛，岛屿周边生活的大海牛被称为白令海牛。翻开如今的世界地图，你会发现亚洲的东北部有许多地点被冠以“白令”之名。

正如此前预料的一样，平安回国的船员们受到了民众的热烈欢迎。他们在旅途中的所见所闻，很快成了街头巷尾的热门话题。随船带回的海獭皮，被皮毛商人奉为稀世珍品。关于大海牛的传说轶事，吸引了众多探险家和商人前往白令岛。

为了获得海獭的皮毛、海牛的血肉，猎人们蜂拥而至，曾经与世隔绝的桃花源，转眼变成了屠宰场。要捕捉大海牛并不困难。它们体型巨大，几乎不会潜水，而且对人类没有戒心。面对鱼枪、鱼叉，大海牛只能用身体去推拱船只，而没有有效的自卫方法。更可悲的是，它们有聚集成群救助受伤同伴的习性。这往往被猎人利用，进而引发成群的屠杀。在过度捕杀之后，由于搬运困难，不少大海牛的尸体被扔在海中白白浪费，成了海草的养料。

1768 年，威廉·斯泰勒的旧同僚伊万·波波夫带人前往白令岛，海面上捕捉海獭等动物的捕猎船数量众多，但放眼望去，大海中已难觅大海牛的踪影。他们在附近海域搜寻了很久，终于发现了两三头大海牛，但还是把它们全杀了。这就是关于大海牛这一物种最后的记录，从此人们再没有找到大海牛确切生存的证据。

被人类发现之后仅过了 27 年，大海牛就从地球上消失了。它的灭绝，与俄国的“大北极探险”活动紧密相关。令人唏嘘的是，“大北极探险”活动的领队——维托斯·白令，如今也同大海牛一起长眠于白令岛上。

白令海牛大数据

白令海牛**科学发现于1780年**，发现者是德国动物学家埃伯哈德·奥古斯特·威廉·冯·齐默尔曼。

白令海牛的拉丁文名字是*Hydrodamalis gigas*，大意为“**没有牙齿的巨大海牛**”。

白令海牛属于海牛目、儒艮科，所以严格来说它是一种**巨型儒艮**。儒艮的尾巴是分叉的，而海牛科动物的尾巴是圆形的。

海牛和陆地上的黄牛并非近亲，不仅如此，海牛和鲸鱼、海豹、海狮等海洋动物也没什么关系，它们**真正的“亲戚”**是陆地上的**大象**。

化石记录显示，白令海牛曾经**活跃在环太平洋的许多近海区域**。

白令海牛的身体可以长到10米，体重能够达到10吨，让**非洲象都自叹不如**。

白令海牛巨大的**肺部能产生浮力**，使之漂浮在水面，上下摆动尾部在水中游动。

大海牛的外层皮肤有2.5厘米厚，在和岩石、冰山的碰撞时能够自我保护。它们的皮下脂肪约厚10厘米，特别**适应寒冷的环境**。

在海水结冰吃不到食物时，大海牛依靠**燃烧脂肪**就能度过难关。另外，大海牛单位体积的表面积较小，也有利于它们更好地抵御严寒。

白令海牛的嘴里没有牙齿，只能依靠口腔的骨板研磨食物，因此得名“**无齿海牛**”。

白令海牛主要依靠**大型的海藻**填饱肚子，而且还只能吃海藻柔软的部分。进食时，大海牛漂浮在海面上，吃海面下1米之内的植物。

白令海牛的**胃部有1.8米长**，1.5米宽。

白令海牛的**肠道有150米长**，大约是其身体的20倍。

大海牛**几乎不会发出声音**，受伤后也只能默默忍耐，但它们会粗重地喘气、叹气。

大海牛的**鼻孔有5厘米长**。吃草时每过4~5分钟会换一次气。

大海牛被认为是“**一夫一妻制**”的动物，而且一胎很可能只生一只幼崽。它们的怀孕期长达1年以上，繁殖速度很慢。

虎鲸和鲨鱼可能是白令海牛的**天敌**。

白令海牛**灭绝于1768年**，人类为了获得海牛的皮肉等对其大肆猎杀，以及栖息地和生态被破坏，是白令海牛灭绝的主要原因。

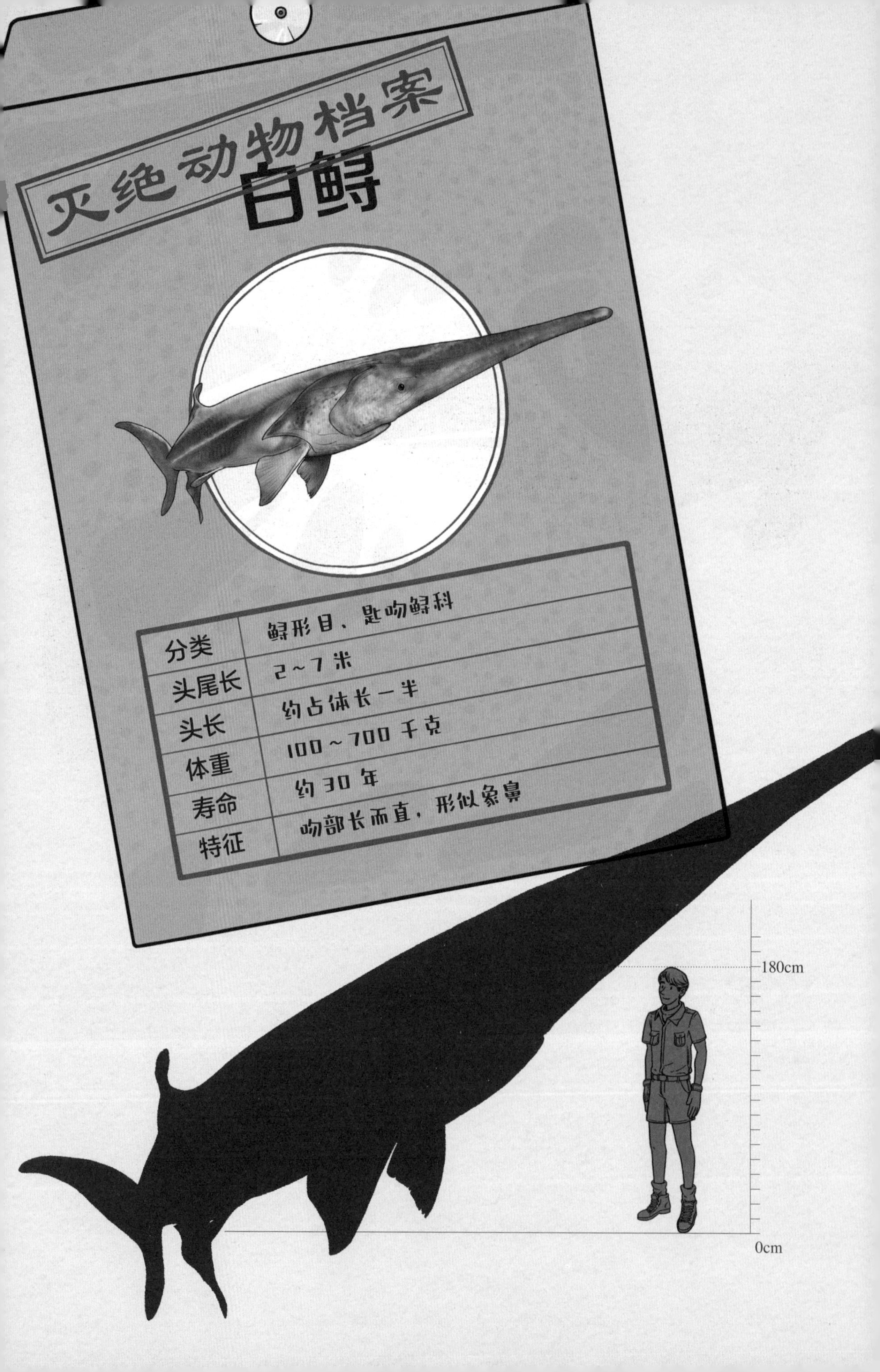
灭绝动物档案
白鲟
分类
鲟形目、匙吻鲟科
头尾长
2～7米
头长
约占体长一半
体重
100～700千克
寿命
约30年
特征
吻部长而直，形似象鼻
180cm
0cm

白鲟
长江中的象鼻鱼王

2002 年 12 月 11 日，宽阔的长江风平浪静，55 岁的渔民孙永来照例划着小渔船在江面上撒网捕鱼。船划到南京长江大桥下游的一处江心洲旁，一网下去，孙永来缓缓向上一拉，网中巨大的重量却让他脑袋发蒙。继续慢慢向上提，网里的大家伙突然扑腾了起来。是鱼，是一条大得惊人的怪鱼！

孙永来二十多岁时曾在江里网过一条大青鱼，足有近百斤。可是，今天捕到的怪鱼比当年的青鱼大得多，从头到尾有三四米长。这样大的鱼若是挣扎起来，在水里的力气比蛮牛还要大。但这条鱼似乎受了重伤，异常安静。

孙永来小心地将怪鱼拉到近处一看，这鱼不仅大，长得也甚是奇怪，身体像一条巨大的梭子，背部青灰色，腹部雪白，身上没有鳞片，表层皮肤就像凝脂一样光滑柔软。

而且它的头很大，吻部特别长，像一把利剑。相反，它的眼睛特别小，只有小拇指肚那样大，弧形的嘴巴长在腹部下侧，从长吻到头部两侧满是凹陷的梅花斑。

小贴士

白鲟的吻部和头部两侧布满了梅花状的凹陷，这些是被称为“陷器”和“罗伦氏器”的皮肤感受器，能够感知水流、水压的变化以及水中微弱的低电压。

在长江边捕了大半辈子鱼，孙永来觉得这怪鱼很稀罕，他依稀记得，自己在七八岁时似乎见过这种象鼻子鱼，但近几十年在长江中难得一见，想必这鱼已成为国家珍稀保护动物了。1983 年国家对长江中的中华鲟等大鱼制定了保护政策，但还有人钻政策的空子，违规设置电网和滚钩渔网，发不义之财。若是这条怪鱼落入这些人的网中，或是撞上来来往往的船只，肯定性命难保。想到这里，孙永来连忙划着小船前往渔政部门。

下午 4 点多，小渔船拖着怪鱼停靠在渔政码头。渔政人员提前接到电话，早已激动万分地在此等候了。听了孙永来的描述，再仔细观察怪鱼的体貌特征，渔政人员一致确认，这条鱼正是国家一级保护动物，长江中的“活化石”——白鲟！

小贴士

白鲟古称“鲔”。李时珍在《本草纲目》中写道：“（鲔）背上无甲，其色青碧，腹下白色。其鼻长与身等，口在颔下，食而不饮。颊下有青斑纹，如梅花状。尾岐如柄。”

《诗经》中记载，古人祭祀时以白鲟作为祭品，其中个头特别大的白鲟被称为“王鲔”。

《淮南子》中记载，只要奏起音乐，白鲟就会冒出水面来听，古人把白鲟想象为懂得音律的大鱼。

《酉阳杂俎》中写到，每次杀白鲟，天必然会下雨。人们把白鲟想象成呼风唤雨的精怪。

长江沿岸素有这样一句渔谚：“千斤蜡子万斤象，黄排大得不像样。”其中的“象”指的就是长有象鼻一般长吻的白鲟。距离上一次在长江中发现白鲟，已过去十载春秋，人们一度怀疑号称“长江鱼王”的白鲟已经灭绝。而如今，它又出人意料地现身了，这条白鲟体型庞大，体长超过 3.3 米，体重约 130 千克，更主要的是它还是活的，实在令人喜出望外。

小贴士

谚语有云：“千斤蜡子万斤象，黄排大得不像样。”其中“蜡子”是指中华鲟，“象”是指白鲟，“黄排”是指胭脂鱼。中华鲟和白鲟是我国的国家一级保护动物，胭脂鱼是国家二级保护动物。白鲟因为有长而直的吻部，就像大象的鼻子，因此有象鼻鲟的叫法。

顾不上冬日的江水冰冷刺骨，渔政人员争分夺秒，开始查看白鲟的身体情况。细心检查之后，大家的心情沉重起来。这条白鲟遍体鳞伤，光是 5 厘米长的鱼钩就从它身上取下了 5 把，下腭一道 22 厘米长的伤口深达 1 厘米，整个鱼肚被气胀得鼓鼓的。

科学家用酒精为白鲟消毒伤口，又想起白鲟的主食是鱼，急中生智将消炎药塞进小鱼的肚子里喂给白鲟吃。当天晚上，中国水产科学院的专家组火速赶往南京，展开白鲟的救治工作。随后，珍贵的大白鲟被专用救护车转移到了江苏昆山的中华鲟东方养殖研究基地。

小贴士

白鲟是肉食性鱼类，以其他鱼类为食。1983 年中国科学家曾解剖过一条长 3.54 米、体重 148 千克的白鲟，它的胃中有一条重 3.7 千克的青鱼，还有很多消化后剩下的鱼骨。根据鱼骨分析，白鲟还曾吞吃一尾鲤鱼，重达 4 千克。

科学家小心翼翼地剪开渔网，发现白鲟的伤势比想象得还要严重。它身上被划破的伤口已经溃烂，共缝了 19 针，腹中的胀气随时可能危及生命。看起来，大白鲟是在长江上游被滚钩渔网网住，奋力挣脱之后，才奄奄一息地游入了南京江段。

作为白垩纪时代远古鱼类的后裔，白鲟的科学价值不言而喻。这种鱼类曾经分布在我国的辽河、黄河、长江等诸多水域，但由于环境变化和滥捕，到了近代，白鲟仅在长江之中得以栖身。20 世纪 80 年代以来，长江的水污染情况日益严重，一座座水坝阻断了白鲟的洄游产卵路线，致使这一物种迅速减少。

繁殖季节，白鲟需要将卵产在鹅卵石底质的河床上。这种河床在长江上游很常见，而在中下游相对较少。为了寻找合适的产卵场所，白鲟每年要洄游至长江上游。葛洲坝等水利工程兴建之后，阻断了白鲟的洄游通道，对其繁衍造成了沉重打击。

对于这样一条时隔十年再次现世的大白鲟，农业渔业部门要求不惜一切代价进行抢救。可由于此前没有人工救护白鲟的先例，科学家们只能摸着石头过河，24 小时轮班值守，为它护理伤口，注射针剂，补充氧气。人们乐观地设想，从体型上看这条白鲟的年龄约为 20 岁，正当壮年，可以繁殖。如果再捕一条白鲟共同人工饲养，也许就能使这一物种摆脱灭绝的命运。但事与愿违，经过 20 多位专家 27 天的日夜抢救，2003 年 1 月 9 日早上，大白鲟还是因为伤势过重，心力衰竭而死亡，这令所有关心它的人都悲痛不已。

科学家们整理了救助白鲟的宝贵资料，希望作为日后的参考。但是当时谁也不敢确定，这是否已是长江中的最后一条白鲟，是否已是地球上的最后一条白鲟。

令人吃惊的是，短短半个月之后，一条爆炸性的消息再次出现。2003 年 1 月 24 日，四川南溪市一位姓刘的渔民竟也误捕了一条白鲟，而且是一条体型更大的雌性白鲟！它身长近 4 米，体重约 150 千克。

抢救小组立刻奔赴现场，将这条白鲟转移到一条网箱养鱼船上进行救治。经过检查，雌性白鲟的吻部和尾部受伤，皮肤表面有些淤血状的红斑，但总体伤势较轻。更令人激动的是，它的腹中孕育着数以十万计的鱼卵，这为白鲟繁衍带来了希望。经过三天三夜的悉心照料，白鲟的伤势渐渐好转。考虑到它还要继续洄游产卵，科学家们在它的身上安装了声呐定位装置，将其重新放归长江。

科学家们乘坐一艘装载了跟踪器的快艇，捕捉声呐定位装置发出的信号，一路追寻白鲟的踪迹，监控并护送着它前往产卵地。本想陪伴这条白鲟完成迁徙之旅，找到它的洄游产卵场，以便发现更多的白鲟。遗憾的是，他们追踪了大约 55 个小时，在 1 月 29 日夜里，进入长江九龙滩江段，此地滩险水急，快艇居然触礁搁浅，螺旋桨和跟踪设备都损坏了，眼睁睁地看着白鲟失联了。

隔天，修好了快艇和跟踪设备，科学家们继续在长江中搜索，可是经过先后 17 次，总航程超过 5000 千米的搜寻，他们再也没能接收到那条雌性白鲟的信号。就这样，珍贵的雌性白鲟怀着数十万枚鱼卵，消失在长江的波涛之中……

一晃十多年过去了，自 2003 年 1 月那条白鲟放归长江以来，人们再也没有发现过一条白鲟。2019 年 9 月，世界自然保护联盟的专家组来华进行评估，认为白鲟这一物种已经灭绝。还有一些科学家认为，长江的水生生态接近崩溃，位于食物链顶层的白鲟难以为生。即便它们在自然中没有彻底消失，但因为数量过于稀少，无法正常繁殖，最终也会走向灭绝。

从 2020 年 1 月 1 日起，我国在长江重点水域开始实施为期十年的禁渔期，这一大刀阔斧的举措能否唤回消失的白鲟？时至今日，关心白鲟的人们仍在期待奇迹的出现。大家希望浩瀚的长江之中，在人类不曾知晓的某个隐秘角落，还有白鲟在自由游弋。

白鲟大数据

白鲟**科学发现于1862年**，发现者是德国动物学家爱德华·冯·马滕斯。1860年，爱德华参加了东亚的“忒提斯”远征探险，在长江见到白鲟之后，他回到德国出版了关于东亚动物的书籍，白鲟是被他命名的少数几种脊椎动物之一。

白鲟的拉丁文学名是*Psephurus gladius*，其中gladius是指古罗马时代步兵使用的双刃短剑，用以**比喻白鲟长而直的吻部**。

从分类上看，白鲟属于匙吻鲟科，它的近亲不是中华鲟，而是生活在北美洲密西西比河流域的“**匙吻鲟**”。匙吻鲟科鱼类的历史可以追溯到1.3亿年前的白垩纪，代表动物是刘氏原白鲟。

白鲟被誉为“**长江中的活化石**”，距今1000多万年前白鲟就已经出现了。

白鲟曾广泛分布于中国东部的淡水水系和近海海域，辽河、黄河、钱塘江都曾有白鲟的踪迹。到了**近代**，只有**长江水系中还有白鲟分布**。

白鲟曾遍及长江中下游地区，**不同地区对于它的称呼各不相同**，例如长鼻鱼、象鱼、朝剑鱼、柱鲟鳇、琵琶鱼、鹳嘴鱼、琴鱼等。

成年白鲟的**体长超过2米**，有科学测量记录的最大个体长为3.52米，体重160千克。20世纪50年代，鱼类学家秉志曾记录下一尾**体长7.5米、体重908千克的巨型白鲟**，是在南京附近江段捕捞的。

白鲟**体表光滑**，仅尾部有6~7片鳞片。它的身体不是纯白色，而是偏灰色。长吻和鳍的边缘为粉红色。

白鲟最典型的特征就是长而直的吻部，**吻部和头部**加起来，可**占到体长的一半**。

白鲟的**吻部和头部两侧布满了梅花状的凹陷**，这些是皮肤感受器，能够感知周围环境的变化。

白鲟的眼睛很小，嘴很大，嘴中有一圈细齿。它的颌骨和颅骨连接松散，**嘴能伸出去吞食猎物**。

白鲟是**肉食性鱼类**，以鱼为主食，也吃少量虾蟹。

白鲟**善于游泳**，栖息于江河中下层，能在河流入海口半咸水水域觅食。

白鲟是**洄游型鱼类**，会沿着长江逆流而上产卵。

白鲟产卵期为**3月中旬至5月上旬，雌鱼怀卵可达百万粒**。产卵场主要在我国长江上游和金沙江下游，在四川省江安香炉滩至宜宾柏树溪一带最为集中。

白鲟的**卵为灰黑色**。卵孵化后，幼鲟顺水游向下游，分散到长江流域的湖泊、支流甚至是长江口慢慢长大。幼鲟有集群近岸游弋的习性，很容易被密网捕获，造成大量死伤。

白鲟雌性**7岁**性成熟，雄性**5岁**性成熟。

1976年之前，长江全域的白鲟年捕捞量保持在年均670尾左右。1985年以后，**长江大坝增多，白鲟的数量骤降**。

1983年，白鲟被列为国家一类保护动物，**禁止捕捞**。

据**1999年统计**，此时长江中的白鲟已**不足400尾**。

1994年3月18日，中国发行了**《鲟》邮票**，一套四枚，分别为白鲟、达氏鲟、中华鲟、鳇。

2019年12月，中国水产科学研究院的论文提出，白鲟可能在**2005到2010年间已经灭绝**。

目前，在世界动物保护联盟的红色名录中，白鲟被标记为“极度濒危”，但是大多数科学家认为，这种动物已经**功能性灭绝**。

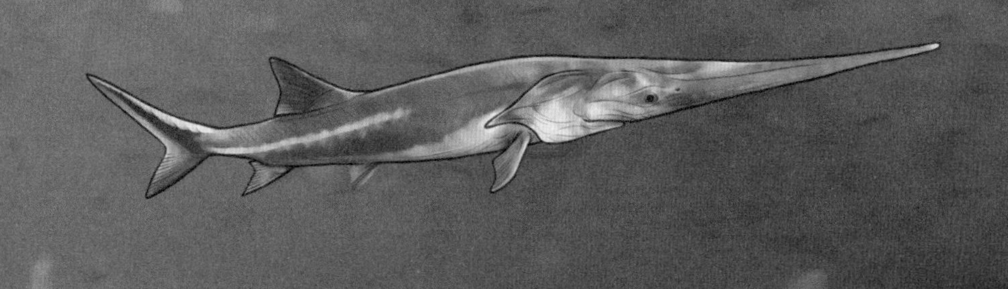

分类	食肉目、犬科
头身长	约 1.3 米
尾长	约 53 厘米
肩高	约 64 厘米
耳长	约 6.5 厘米
特征	嘴狭长，毛色为金黄或灰白

180cm

0cm

北海道狼
被驱逐的“白金狼神”

一百多年前，日本的北海道还是一片未被工业文明开发的土地。这里有一望无际的森林和草原，野兔、梅花鹿、松鼠、狐狸等动物繁盛不息。北海道狼是当地体形仅次于棕熊的食肉动物。它们结成狼群，在森林中奔波，在山谷中游荡。

北海道的原住民是阿依努人，他们以渔猎为生，世代与狼共处。在他们的传说中，北海道狼是身披金色和白色的狼神，能为狩猎带来好运。但在 1868 年以后，随着北海道地区的开发，狼的形象被彻底抹黑了。

小贴士

除了阿依努人之外，蒙古、印第安等民族都崇拜狼。关于狼的文学作品、科研著作可能比任何其他野生动物都要多。

19 世纪中期，北海道忽然来了许多外地人。这些人不像阿伊努人一样穿兽皮使弓箭，他们大多穿布衣，有些还骑马配枪。

暮霭之中，狼群伫立在远处山腰，孤傲地俯视着这些不速之客。惨白的弯月悄然升起，夜风中飘来一丝硝烟的味道。狼王发出一声长嚎，所有狼群成员随即向森林深处跑去。山下，外来者饲养的大狗嗅到了狼的气息，对着远方一阵狂吠。

这些外来者来自日本南部，是北海道的开拓移民。1868 年以后，日本政府想把北海道改造成全国的“粮仓”，因此组织了大批国民迁移到北方。拓荒运动如火如荼地开展，外地人带来了先进的生产技术，却也带来了破坏生态、掠夺自然的生产方式。这一时期，大片的森林被砍伐，草地被垦荒，取而代之的是众多的农庄和牧场。

自从栖息地被侵占，梅花鹿时常偷吃作物和牧草，令人类大为反感。在黑洞洞的枪口下，曾经成群结队的鹿，此时已是凤毛麟角。

饥肠辘辘的北海道狼在草丛中潜行，它们能凭气味追踪梅花鹿的踪迹。向前，再向前，食物的气息越来越浓，它们口水直流，迫不及待想填饱肚子。哪怕是腐肉，哪怕是剩骨，狼也能嚼骨吸髓补充体力。严冬到来，北海道天寒地冻，积雪最深可达 4 米，只有吃下大量食物，积累足够的脂肪才可能熬过冬季。可惜的是，这次追踪又失败了。气味的源头没有猎物，只有一摊血迹。看来，是一头鹿被人类射杀，然后拖走了。

北风卷起沙尘侵袭饥饿的狼群，饥饿逼迫它们继续搜寻猎物。走了不知多久，一群肥胖的绵羊出现在狼的眼前。对北海道狼而言，人类的牧场简直是香喷喷的食堂。

早在1884年，北海道的地方志中曾记载“淡茶色的犬形动物，年老毛色变为灰白，会危害家畜”，但当时人们对北海道狼知之甚少，把这种动物误称为“豺”。直到1910年以后，有关北海道狼的分类学研究才陆续开展。

面对野生猎物不断减少的困境，北海道狼只好捕捉家畜。建成的农场越多，狼伤害家畜的情况就越严重。虽然北海道狼几乎不袭击人，但农场主们为了保护自己的利益，不断宣传狼对人的威胁。当地政府也将狼视作“害兽”，制定了许多鼓励灭狼的政策。

1877年，北海道地方政府公开悬赏杀狼。1879年夏季，人们开始采用剧毒的毒饵杀狼。1879年北海道遭遇雪灾，造成数十万头梅花鹿死亡，北海道狼因为失去猎物而大批死亡。

小贴士

在日本列岛上曾经存在过两个灰狼亚种。其中之一是分布在国土中南部，本州、九州、四国地区的小型灰狼——日本狼。另一种是生活在国土北部，北海道、南千岛群岛地区的大型灰狼——北海道狼。这两种狼目前都已灭绝。

从1877年颁布悬赏令，到1888年废止的十多年间，北海道大约有两三千头狼被人类杀害。而根据后世科学家的推测，当时在整个北海道地区，狼的总数也不过数千头而已。除了血腥杀戮外，家畜所携带的狂犬病和犬瘟等，也对狼的生存构成了较大的威胁。

关于北海道狼最后的记述是1896年一位皮毛商人关于狼皮的买卖记录。此后，再没人找到这种狼确切存在的证据。

北海道狼大数据

北海道狼**科学发现于1931年**，发现者是日本动物学家岸田久吉。

北海道狼的拉丁文学名是*Canis lupus hattai*，意思是“**八田的灰狼**”。八田是指日本动物学家八田三郎，他是研究北海道狼的先驱。

北海道狼是**灰狼的亚种之一**，它虽然生活在亚洲东北部，却与美洲的灰狼亲缘关系更近。

大约1万年前，北海道狼经过亚洲北方的陆桥进入日本。但由于海峡阻隔，它向南只分布到北海道，**没能抵达本州岛**。

库页岛和千岛群岛上也曾有过北海道狼。

北海道狼生活在**寒冷的高纬度地区**，体型较大，这样的身材能减少热量散失。

北海道狼的**毛色为金色或茶色，冬季变为灰白色**，尾巴尖和前肢颜色较深。而大陆上的其他灰狼皮毛通常是灰色、黑色或褐色的。

狼**善于追逐猎物**，最高奔跑时速为 70 千米。

北海道狼是**食肉动物**，不仅吃梅花鹿等食草动物，也吃鲑鱼、贝类和搁浅的鲸，当然还包括马、羊等家畜。

狼有**42 颗锋利的牙齿**，咬合力约为 300 千克力，能轻松咬碎动物的大腿骨。

狼有能活动的外耳郭，**听觉敏感度是人的 16 倍**，能听到的距离是人类的 400 倍，对声音方向的辨别能力是人类的 2 倍。

狼是**群居动物**，一般 4~8 头为一群。它们等级分明，集体出动捕食，但并非每次捕猎都能成功。

为了获得足够的食物，狼需要 **100~1000 平方千米的领地**，领地大小依其中的猎物密集程度而定。一天中，狼群会奔走约 20 千米**巡视领地**。

北海道狼**没有天敌**，棕熊和家犬可能是它的竞争对手。

北海道狼**灭绝于 1896 年前后**。人类大肆捕杀、自然灾害、环境被破坏和疫病等，导致北海道狼走向了灭绝。

北海道狼的**形态标本非常稀少**，其中四套保存于北海道大学的博物馆中。

北海道狼**消失后不足一百年，当地食草动物的数量很快恢复**，并开始激增。例如梅花鹿泛滥成灾，其采食活动不仅破坏了森林和草原，也对农作物造成了较大损害。

灭绝动物档案
日本川獭
分类
食肉目、鼬科
头身长
约70厘米
尾长
约45厘米
体重
5～10千克
特征
身体流线型，腿很短，有W形的小鼻头
180cm
0cm

日本川獭

妖怪“獭妖”的原型

在日本，自古流传着这样一个传说：若是夜晚在河边行走，见到一个戴着斗笠、提着灯笼的矮小身影，走近时灯火突然熄灭了，这便是遇到了“獭妖”。獭妖是一种憨厚蠢萌的小妖怪，它爱喝酒，能向人类买酒喝。

獭妖的形象深入人心，它的动物原型是一种日本特有的水獭。19 世纪以前，川獭在日本列岛分布广泛，是河川、海岸地区的常见动物，它也被认为是妖怪“河童”的原型。但到了近代，人与獭的关系却发生了翻天覆地的改变。

小贴士

全世界现存 13 种水獭。中国分布有 3 种，它们是欧亚水獭、江獭和亚洲小爪水獭，目前数量都在减少。日本川獭是欧亚水獭的一个亚种。

很久以前，人们主要靠兽皮御寒。尤其在苦寒地区，不论是开荒扩土，还是军队作战，都离不开大量皮毛。日本川獭的危机，也主要是因皮毛需求旺盛而引起的过度捕杀。以川獭皮制衣防寒，日本自古有之，但将獭皮作为出口创汇的资源，却是在 1854 年开国以后的事儿了。

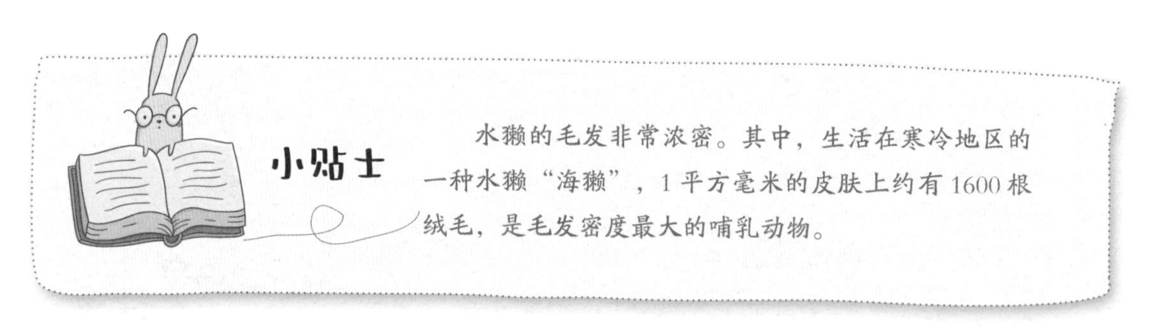

当年，欧洲的皮毛兽已被捕捉殆尽，美国的河狸、海獭也几近濒危，全世界都在求购优质的皮草，而当时还是农业国的日本，扛起了皮毛出口的大旗。

为了获得商业利益，不只是农村的猎户，连城市居民也拿起猎枪，当起了“即兴猎人”。他们在登山远足、河边郊游时，顺带手打几只野兽。

数以百万计的川獭、狐狸等动物皮毛从日本输出到英、美等国。到了 20 世纪初，第一次世界大战前夕，各国的军备竞赛引发了皮毛大抢购。日本也开始储备皮草，制作军服，准备参战。日本军部还将数以千计的枪支、弹药发放到民间，鼓励人们狩猎。

在战争的刺激下，短短十几年间，皮毛的价格疯长。据 1923 年 12 月的新闻报道，川獭皮毛的价格一度飙升到每张数万日元，当时数万日元的购买力相当于现在几百万人民币。在这种情况下，川獭这个物种的命运可想而知。19 世纪末 20 世纪初，川獭的狩猎数量达到了顶峰。仅北海道地区 1906 年一年，就捕杀了至少 200 只川獭。

日本川獭傍水而居，依赖河川的生态环境，当年的人工饲养技术几乎为零。在最后的狩猎狂欢之后，日本的川獭数量一蹶不振，年度捕捉量低至十位数、个位数，川獭的濒危程度可见一斑。

1923 年，政府颁布了禁止狩猎川獭的法令，但民间的偷猎行为屡禁不止。与此同时，工业化带来的水源污染、河道改造等也加剧了川獭的生存危机。川獭被渔网缠住而溺死、被汽车撞死的现象屡见不鲜。

1930 年前后，日本的大部分地区已无川獭的踪迹，仅在四国岛的西南部，一段没有通火车，也没有公路的人迹罕至的海岸地带，还有少量川獭存活。川獭此时还剩多少只？乐观的学者认为总数不足 100 只。

从 1953 年起，以清水荣盛为代表的环保人士开始呼吁保护川獭，这促成了地方政府将有川獭目击记录的区域划为保护区。现在我们知道，自然情况下，一只川獭至少需要数平方千米的领地，如此才能找到足够的食物。但当时人们并不了解川獭需要多大的活动区域，因而当年设立的保护区仅是一个小区域，进行一个点一个点的小范围保护，保护效果并不好。

日本的后道动物园主张将各地的野生川獭抓捕起来，集中人工饲养。1960 年，后道动物园获得了捕捉川獭的许可，派遣捕捉队在“地大岛”抓捕川獭。他们利用铁丝套索陷阱想要活捉川獭，但经过 9 天的努力，却只得到了一只被勒死的川獭。

为了收拾残局，1966 年，一处名为“川獭村”的保育设施建成了。后道动物园所饲养的川獭，以及后来从野外捕捉的几只川獭，被集中饲养在这里。可是，川獭不是群居动物，通常一夫一妻组成小家庭，它们有领地意识，会为此而争斗。加之川獭村的基础设施不完善，所有送到这里的川獭，要么死亡，要么逃亡，川獭村保育计划彻底失败了。

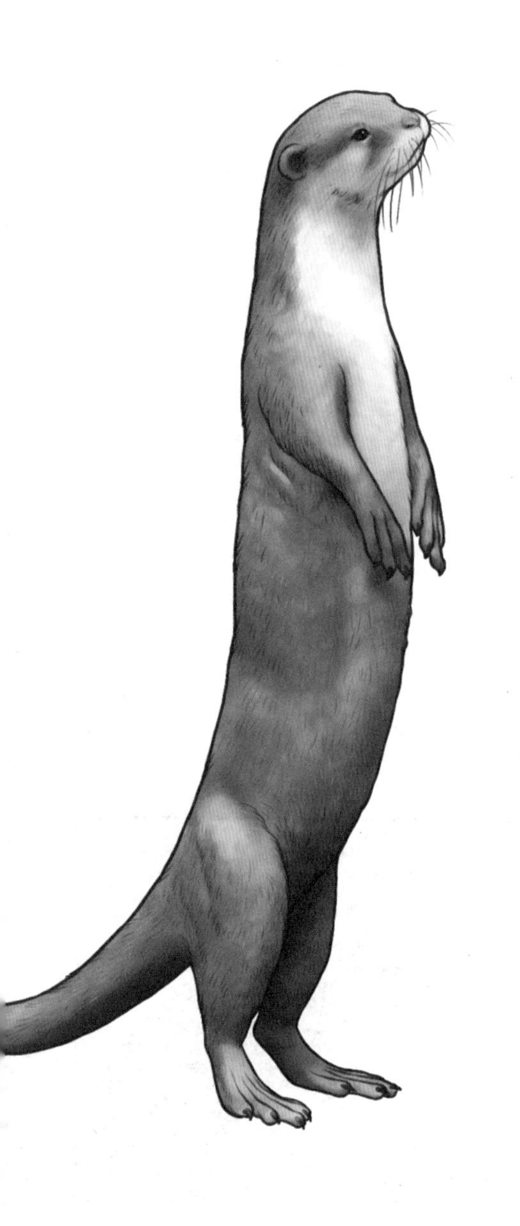

就在川獭村几乎荒废之际，1974 年，如同回光返照一般，四国岛高知县出现了一只“高调”的川獭。这只川獭完全不怕人，当调查员试图下水靠近它时，它竟然主动游了过来。同年，它在新庄川流域安家落户，还闯进了一家公司的食堂，引起了大骚动。

随着其他地区川獭的消亡，1979 年前后，日本各大电视台对新庄川的这只川獭进行了专题报道，很快在日本国内掀起了川獭热潮。众多的市民慕名而来，想一睹川獭风采。而这只川獭竟也毫不认生，悠闲地在河川中缓缓游动，承接着人们的目光和闪光灯。

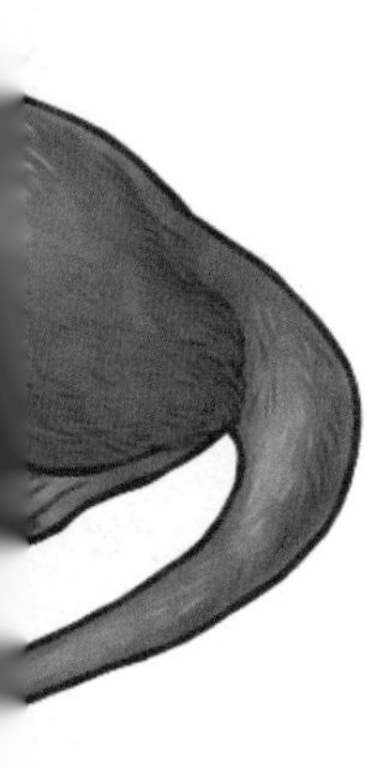

但就在 1979 年的年末，这只川獭也从河流中无声无息地消失了。学者们推断，是市民的到访打扰了它，它又搬家了。可惜这只是个美好的愿望。而摆在眼前的现实是，从 1979 年以后，日本国内就再未发现川獭存活的确切证据。2012 年，日本将川獭定为灭绝物种。

近年，随着人们环保意识的提高，一些日本国民将家中珍藏的川獭皮毛捐给博物馆和学校。但可悲的是，这些珍贵的皮毛“标本”大多被加工成了细细的一条，说明它们都曾是制作衣领的材料。标本的躯干保存完好，脸部却保存不完整，连川獭最具标志性的 W 形小鼻子也看不出来了。

小贴士

每年 5 月的最后一个周三是世界水獭日。

每年的 2 月 19 ~ 23 日是“雨水”节气之始。此时河冰解冻，水獭下水捕鱼，将丰收的猎物整齐地摆在岸边。中国古人认为，水獭在开餐之前先要祭祀祖先，称之为“獭祭鱼”。

日本川獭大数据

日本川獭**科学发现于 1989 年**，发现者是日本动物学家今泉吉典和吉行瑞子。

日本川獭的拉丁文名字是 *Lutra lutra nippon*，大意是“**日本的水獭**”。

日本川獭是欧亚水獭的亚种，是**半水生的哺乳动物**。

日本川獭的**皮毛为棕黄色，鼻头为黑色**。

日本川獭 1 平方毫米的皮肤上长有约 **500 根绒毛**。

日本川獭的**皮毛分为两层，外层针毛又粗又硬，里层绒毛柔软蓬松**。针毛被水浸湿后覆盖在绒毛之上，能形成隔水层。而每一根针毛的周围都生长着数以百计的绒毛，绒毛能够锁住空气，形成隔热层。

日本川獭**非常善于游泳，短时间内时速能达到 12 千米**，比男子 100 米自由泳的世界纪录还快。而且耐力很好，游 5 千米是家常便饭。

日本川獭的**脚趾间有蹼**。游泳时，它的耳朵和鼻孔都能闭合起来。

日本川獭的**栖息地相当大**，雄性一般需要 20 千米长的河道，雌性大约需要 14 千米长的河道。它们每天巡视 4～8 千米，**不同川獭的领地可能交叉**。

日本川獭**在河边、海岸挖洞居住**，洞穴离水边大约 10 米，有多个洞口。

日本川獭**主要吃鱼类和贝类**，也吃蛙类、鸟类、昆虫和植物。

日本川獭**每天要吃掉相当于自身体重五分之一的食物**。

日本川獭的**粪便中**，通常 **25% 是自己的毛发**。

日本川獭的**天敌较少**，陆地上的猛兽很难伤害它，水蛇可能是它的捕食者。

日本川獭**有领地意识**，通常只组成一雄一雌的小家庭。

早在**石器时代，日本人便开始捕捉川獭**。他们食用川獭肉、利用川獭的皮毛御寒。

1964 年，日本川獭被列为国家天然纪念物，受到举国关注。
1974 年，四国岛高知县出现了一只不怕人的川獭，它很可能是人工饲养长大的。
为了纪念四国岛的川獭，日本邮政省当年还发行了一枚川獭主题的邮票。
日本川獭灭绝于 1979 年，灭绝的主要原因是人类为了皮毛而过度捕杀它们。伴随着河流污染的加剧和尼龙渔网的普及，日本川獭渐渐消亡了。

分类	食肉目、犬科
头身长	约1米
尾长	约30厘米
体重	约15千克
肩高	约55厘米
特征	嘴巴短，耳朵短，腿短，尾巴弯曲下垂

180cm

0cm

日本狼

从奉为山神到人人喊打

传说，在日本的山林里住着一种叫“山犬”的妖怪。每逢月黑风高夜，旅行者单独走在山中的小路上，就会有山犬悄悄地跟在人身后，伺机将人吃掉。旅行者如果心慌意乱，撒腿就跑，就会遭到扑杀；但如果表现得勇敢无畏，山犬便会一直把他护送到山脚下。

妖怪山犬的动物原型，是生活在日本本州、四国、九州地区的日本狼。

小贴士

狼的足迹曾遍布北半球。它们在森林、草原、荒漠和苔原上谋生，分化成了30多个各有特色的亚种。虽然同属于灰狼这个大家族，但不同亚种的毛色从黑到白，从棕到黄，差异很大，体型也不尽相同。

在明治维新之前，老百姓称日本狼为“山犬”“吼神”“大口真神”。作为人类已知的最小的灰狼亚种，日本狼的身材近似成年的宠物犬哈士奇。它们以山林为家，集群狩猎，能够长途奔袭猎物，虽然很少下山威胁人畜，但确实有尾随、窥探山中行人的习惯。

自古以来，日本人惧怕又崇拜狼，将狼奉为山神、农神。

作为食物链顶层的食肉动物，日本狼的主要食物是梅花鹿等食草动物。食草动物的数量得到了控制，山林中的植物就能够春发夏长，生生不息，生活在林中的各种鸟兽虫鱼就有了栖身之所，能够繁衍不衰。而对于人类而言，森林得到了保护，木柴、果实、鸟兽等资源也就可以长久地利用。

在古代日本，那些常年在深山中伐木、狩猎的人往往对狼存着一份敬畏之心。长期与狼共存共生，他们的思想中形成了一种朴素的适度开发自然资源的理念。因为如果砍伐太多树木，或是猎杀太多鸟兽，声音和血腥味都有可能引来狼群，让自己处于危险的境地。

随着社会的发展和农业的普及，人们愈加认识到日本狼存在的意义。狼能够吃掉那些从山林里跑出来破坏庄稼的野猪、鹿类和鼠类，保护农作物。而野猪之类的野生动物，单凭人类当时的科技水平是很难彻底驱除的。这也是日本狼被奉为农神的原因。

可悲的是，尽管日本狼对生态和人类生活有诸多贡献，但一种致命病毒的传播，颠覆了人们对日本狼的认知，从此厄运连连。

1732 年，一种致命的、人兽共患的传染病在日本长崎港口爆发，很快开始由东向西蔓延——这就是人类至今仍闻风色变的“狂犬病”。可以肯定的是，当时的狂犬病主要是由外国进口的动物传播而来的。

疫情如野火燎原，许多人因狂犬病而丧命，大量的家畜，例如猫、狗、牛、马都感染了这种病毒，属于犬科动物的日本狼也没能例外。原本生活在山林之中，很少接触人类的日本狼，在病毒的侵袭下丧失了本性，变得具有很强的攻击性。这段时期，日本狼疯狂攻击人类和家畜的事件，让原本已经畏惧狂犬病的人们更加紧张，杀狼也就变得名正言顺了。

狂犬病是一种由狂犬病毒引起的人畜共患的传染病，一旦发病，死亡率几乎是百分之百。这种病毒能在所有哺乳动物之间传播。包括人类在内，猫、狗、蝙蝠、马、牛、羊、鼠、猪等动物都可能被传染，其中，犬科动物是病毒最主要宿主。

在狂犬病和人类捕杀的双重压力下，日本狼的数量快速减少。可是狼的减少并没有引起人们的警觉，反倒正好符合了当时人们开垦山林、扩张农田的需要。在明治维新之后，日本社会进入了高速发展的时期，人们向山要地，伐木垦田，日本狼的栖息地不断缩小，能捕捉到的野生动物也越发稀少。饥饿的狼群下山袭击家畜，更加刺激了人们对于狼的恐慌和反感，继而遭到大肆捕杀。而狼的减少又便利了森林的砍伐……这样的恶性循环，将日本狼一步步推向绝境。犬瘟热和皮毛贸易，更是令日本狼的处境雪上加霜。

在1905年，世界上最后一只野生的日本狼，在奈良县东吉野村被捕杀。这种曾经被奉为“山神”的动物，最终难逃灭绝的厄运。

当日本列岛上再也听不到悠远的狼嚎，当食草动物泛滥，破坏森林和农田，人们这才想起日本狼的生态价值，但逝去的生命无法挽回，一切为时晚矣。

亚欧大陆上的狼曾遭受人类的残酷猎杀。在英格兰，最后一只狼是1500年被杀死的。在爱尔兰及苏格兰，狼只残存到1750年。如今，曾经有狼的法国、比利时、荷兰、瑞士、德国、丹麦，均无狼迹。日本的北海道狼和日本狼也相继绝种。

日本狼大数据

日本狼**科学发现于 1839 年**，发现者是荷兰动物学家康拉德·雅各·特明克。

日本狼的拉丁文学名是 *Canis lupus hodophilax*，意思为“**沿途守护的狼**”。

日本狼是**灰狼的亚种之一**，是人类已知的最小的灰狼，又被称为日本倭狼。

日本狼仅栖息在**日本本州、九州、四国**地区的森林之中。

日本狼**像黄色的柴狗**，身体结实，毛发短而纤细，尾巴弯曲下垂。

日本狼的**嗅觉和家犬相当，嗅觉灵敏度是人类的1万倍**，能闻到土壤下的鼠类，找到掩埋在冰雪下的腐肉。它们在领地周围留下尿液、粪便等气味讯号，以此进行交流。

日本狼**通过嚎叫进行远距离交流**。穿越密林时，通过叫声确定群体成员的位置；狩猎前后，用叫声彼此交流；巢穴受到威胁时，高声嚎叫发出警报。

日本狼不仅能嚎叫，也能发出像狗一样“**汪汪**”“**呜呜**”的叫声。但它们通常只吠叫几声，然后快速采取行动。

日本狼是**社群性动物**，狼群以家族为单位，成员的等级分明。捕猎时，它们常组成五六只的小群，彼此默契配合，长途奔袭猎物。

日本狼的**主要食物**是野兔、野猪、梅花鹿、猕猴，以及人类饲养的羊、马等家畜。

日本狼**不“挑食”**，食物匮乏时，连腐肉和水果也来者不拒。

日本狼是日本生态系统中的**顶层捕食者**，几乎没有天敌。人类饲养的家犬是日本狼的竞争对手。

与欧美人仇视狼的传统不同，**日本古代故事中，狼有可亲可敬的一面**，传说狼会吃掉鹿和野猪保护农田，抚养人类的孩子，或陪伴在森林中迷路的孩子回家。

19世纪末，日本狼**因皮毛而遭到猎杀**。

1881年，**上野动物园**从岩手县**买到一只活日本狼，在园中饲养展示**。这只狼在1892年6月24日死于动物园中。

1905年，**最后一只日本狼**在日本本州岛的奈良县东吉野村**被枪杀**，它的尸体被卖到了英国伦敦自然历史博物馆。

东京大学自然历史博物馆中现藏有**5件**日本狼的**珍贵标本**。

日本狼**灭绝于1905年**。灭绝原因是滥捕滥杀、栖息地和生态被破坏以及疾病蔓延。

分类	鸽形目、鸽鸠科
头尾长	约 45 厘米
翼长	约 26 厘米
尾长	约 18.5 厘米
喙长	约 2.3 厘米
特征	胸部为烟灰色，背部为金紫色

180cm

0cm

小笠原林鸽

嗓子眼儿超大的鸽子

1828 年初夏，俄国探险船“西尼亚文号”抵达了日本南部的小笠原群岛。这处群岛距离亚洲大陆和日本列岛都很遥远，此前无人定居。千万年间，这里的生物按照独特的进化路径繁衍生息，整个群岛犹如一座生物进化博物馆。

乘坐“西尼亚文号”探险船而来的德国鸟类学家基特利茨，是一位多才多艺的青年人。他年少时便痴迷于鸟类观察和绘画，如今登上了小笠原群岛，大展拳脚的时候终于到了。

小贴士

海因里希·冯·基特利茨（1779 年—1874 年），德国军官、艺术家、博物学家。1826 年至 1829 年，他参加俄国航海探险队环游世界，累计为俄国科学院提供了 314 种鸟类的标本。小嘴斑海雀、库岛田鸡等几种鸟类的英文名，都是以他的名字命名的。

小贴士

小笠原群岛位于太平洋西侧，由父岛、媒岛等近20个岛屿组成，总面积约70平方千米。由于物种群落独特，小笠原群岛被誉为“东方的加拉帕戈斯群岛”。

小贴士

19世纪20年代，摄影技术还没有诞生，探险家们为了记录旅行中的新鲜事物，除了文字描述外，只能在纸上描摹勾画。如果探险队里有擅长绘画的成员，科考就能事半功倍。

踏上柔软的沙滩，陡峭的火山山脉近在咫尺。小笠原群岛由火山喷发而形成，经过漫长的气候雕琢，现在几乎全被美丽的森林覆盖了。

基特利茨走进密林深处，周围前所未见的动植物令人目不暇接。兴奋异常的他席地而坐，拿出画板和画笔，想将眼前的景致记录下来。这时候，低矮的蕨类植物中传出一阵轻响，基特利茨寻声望去，片刻，两只与家鸡体型相仿的灰色大鸽子步履矫健，大摇大摆地走了出来。它们旁若无人，径直走到林间空地上埋头觅食。基特利茨看得两眼发光，他的画笔在纸上飞速舞动，不一会儿，鸽子的素描图便完成了。

探险船在小笠原的父岛停泊了15天，在此期间，基特利茨不仅留下了大量自然笔记和手绘图稿，还采集了各类生物标本。基于这些资料，1832年，基特利茨为当地一种特有的鸽子进行了命名。从此，这种体形远大于家鸽，背部有紫色金属光泽的鸽子，被人们称作小笠原林鸽。

实际上，基特利茨来到小笠原群岛时，这里生活着两种大鸽子，一种是小笠原林鸽，另一种名叫红头黑林鸽。这两种鸽子在狭小的群岛内共处了千百年。到了近代，它们的命运都十分坎坷。

被命名仅半个多世纪，小笠原林鸽就走向了灭绝。1889 年秋天，瑞典标本采集人赫尔斯特在父岛北方的媒岛采集了 1 件小笠原林鸽标本，这是这种鸟存活的最后记录。而红头黑林鸽的数量也在快速减少，2006 年它的种群数量仅剩 40 只左右，一度走到了消失的边缘。

小贴士

红头黑林鸽是东亚的黑林鸽在小笠原形成的一个亚种。它有乌青色带金属光泽的羽毛，头部是粉红色的。与小笠原林鸽相比，红头黑林鸽体型略小。

为了吸取物种灭绝的教训，更为了挽救濒危的鸟类，日本科学家对这两种鸽子进行了研究。曾有人猜测，两种鸽子之间有激烈的食物竞争，它们相互争夺资源和生存空间，导致种群数量快速减少。

从食物入手研究鸟类，看似是个不错的切入点，实际操作却困难重重，因为想搞清一种鸟吃什么，往往要开展大量的观察和解剖工作。如今，已知存世的小笠原林鸽标本仅有 3 件，并且均不在日本国内。这使日本学者的研究举步维艰。

科研人员们都有点明知山有虎偏向虎山行的倔强脾气。他们一边在小笠原群岛实地调查，记录和研究当地的植物，一边查阅大量文献，尤其是 19 世纪探险家的科考笔记。功夫不负有心人，小笠原林鸽的神秘食谱逐渐浮出了水面。

1844 年，鸟类学家基特利茨曾在航海回忆录中写道：“此地森林茂密，分布最广的是贝叶棕榈。一颗年轻的贝叶棕榈树挂满了累累果实，这些浑圆的木质球果，为岛上的大鸽子提供了食物。”

科学家经过长期考证得出结论，小笠原群岛上确实没有贝叶棕榈。所幸，基特利茨的回忆录附有插图，科研人员从他精准的生物素描中识别出，那种被误认为贝叶棕榈的植物，实际上是小笠原蒲葵。小笠原林鸽把蒲葵坚硬的球果当做食物。

蒲葵的果实直径近 2 厘米，比玻璃弹珠还大，而且外层柔软的部分非常薄，里面的种子却十分坚硬。但依据基特利茨的记录，小笠原林鸽是“软硬通吃”的。

在如今的小笠原群岛上，再没有任何一种鸟类以如此大的果实为食。濒危的红头黑林鸽虽然体长也在 40 厘米以上，但它们只食用较小的果实和种子。

小笠原蒲葵是东亚的蒲葵树在小笠原群岛形成的亚种。它能长到十多米高，有宽大的椭圆形羽状叶片，而且至今在群岛上分布广泛。它的叶子有许多用途，比如做蒲扇、铺房顶等。

我们不妨想象一下，数百年前的小笠原群岛，从海岸到山脊都长满了郁郁葱葱的蒲葵树。地面散落了厚厚一层球果，但因为这些果实太大、太硬，其他鸟类只能望而却步，只有小笠原林鸽这种体型大，嗓子眼儿更大的鸽子，从容不迫地漫步林间，独占这种唾手可得的食物。

小笠原林鸽与红头黑林鸽的食谱差异，使它们回避或者减少了竞争，从而能在狭窄的海岛上常年共存。而 19 世纪后期，人类加速对小笠原群岛的开拓和移民之后，两种鸟类承受的生存压力都与日俱增。时至今日，小笠原林鸽的灭绝原因尚不明确，但从红头黑林鸽的遭遇来看，森林砍伐、人为捕杀，以及人类引入的猫、狗等外来动物导致了它的灭绝。

小笠原林鸽大数据

小笠原林鸽**科学发现于1832年**，发现者是德国探险家**海因里希·冯·基特利茨**。

小笠原林鸽的拉丁学名是*Columba versicolor*，意思是“**杂色的鸽子**”。

小笠原林鸽是**日本小笠原群岛父岛、媒岛上的特有物种**。这处群岛历史上曾叫做博宁群岛，因此小笠原林鸽也被称为博宁林鸽。

小笠原林鸽的**羽色低调而奢华，带有金属光泽**。它的腹部为灰色，背部为金紫色，翅膀为金绿色。腿部的皮肤为深红色，虹膜为深褐色。

小笠原林鸽生活在**亚热带地区的茂密森林**中。它常与红头黑林鸽结伴活动。

19世纪前期，小笠原群岛的红头黑林鸽相当常见，但**小笠原林鸽已经很稀少**。

人们对小笠原林鸽**知之甚少**，甚至对它的体重、叫声和飞翔能力都没有详细记载。

小笠原林鸽**以蒲葵的球果为食**，也吃其他较小的树果和种子。

小笠原林鸽在**林间繁殖**，通常一次生两个蛋，孵化期为17～19天。

小笠原林鸽的蛋，很**容易受到猫、狗、山羊、乌鸦等动物的伤害**。

人类只采集过**4件小笠原林鸽标本**，第一件模式标本现已经遗失，仅剩的3件分别保存于俄罗斯圣彼得堡、德国法兰克福、英国伦敦的博物馆中。

小笠原林鸽的**第一件标本采集于1827年**，是英国船长弗雷德里克·比奇率领的考察队采集的。

基特利茨于**1828年采集了2件**小笠原林鸽标本，但他没有留下解剖记录。

19世纪初，由于太平洋捕鲸行业的兴起，小笠原群岛定居人口增加，**捕食鸽子的习俗也被带到岛上**。

人类**最后一次目击**小笠原林鸽是在**媒岛**的森林中。

小笠原林鸽**灭绝于1889年冬天**，其灭绝距离科学发现，仅过去了约60年。

分类	食肉目、猫科
头身长	75～110 厘米
尾长	70～90 厘米
肩高	25～41 厘米
体重	16～30 千克
特征	尾巴长，皮毛上有大块云朵斑纹

台湾云豹
犬齿锋利，号称“小剑齿虎”

在中国的东南部，美丽富饶的宝岛台湾，原住民间世代流传着一段动人的传说。

很久很久以前，台湾岛上生活着两种猛兽：豹和熊。这两种动物起初都有雪白的皮毛。它们每日一起狩猎、游戏、休息，是形影不离的好朋友。有一天，它们捡到了一袋颜料，不知是谁的提议，要为彼此画上花纹。于是，熊先小心翼翼地帮豹涂色。先画好金黄、茶褐交错的身体，再加上美丽的云纹和斑点，最后特意在鼻子、眼睛和腹部留下一抹白色，使豹蜷伏在树上时不易被猎物发现。

台湾云豹有强壮的短腿，宽大的脚爪，灵活的脚踝和长长的尾巴，这些特征使它成了天生的爬树能手。它能像耍杂技一样头向下爬下树干，或者用大爪子倒挂在树枝下方行走。

精心作画之后，浓浓的睡意袭来。憨厚老实的熊认为，豹也一定会为它认真上色。于是将颜料交给对方，安心地睡着了。可谁知道，豹却没有熊的耐心，它将黑色颜料直接倒在熊的身上，结果，只有胸口因为趴着而涂不到，留下了一道半月形的白斑，其他部位全被染成了锅底黑。

熊一觉醒来发现全身漆黑，既愤怒又伤心。它大吼道："我们不是好朋友吗？为什么！"然后头也不回地走了。豹也很后悔自己的草率，它不想失去昔日的好兄弟。从此之后，每次打猎它都只吃掉猎物的一部分，把剩下的留给熊，希望对方接受它的道歉。可是，直到云豹从山林间消失，直至它走向灭绝，黑熊也没有原谅它，两种动物互不往来。

小贴士

云豹和黑熊的传说符合这两种动物的习性。现实中，台湾黑熊多分布在台湾的中部和北部，而云豹多分布在南部，领地很少重叠。从食性上看，云豹比较挑食，通常不会把猎物吃完，而黑熊是杂食动物，也吃腐肉，会捡拾动物残骸。

台湾岛上自古没有狮子、老虎，云豹是当地唯一的野生中型猫科动物。这种皮毛华丽、敏捷非凡的大猫，曾经凭借剑齿虎般锋利的爪牙、精湛的潜伏狩猎技巧，与体型庞大的台湾黑熊平分秋色。但在 19 世纪以后，当人类近代化、工业化的洪流席卷而至，台湾云豹的命运发生了悲剧性的转折。

小贴士

台湾云豹第一次被列入科学文献是在 1862 年，是由英国生物学家史温侯记载下来的。与它一同被介绍到欧洲的动物还有台湾猕猴、台湾黑熊、台湾石虎等。

台湾云豹

雪豹

近代以来，为了出口木材赚取外汇，养活暴增的人口，台湾岛的原始森林被大肆砍伐。鸟类、猴子等以山林为家的动物快速减少。台湾云豹失去了家园，又找不到足够的食物，终日食不果腹。

为了填饱肚子，哺育幼崽，云豹不得不走出森林捕捉家禽，这引起了农民的恐慌和厌恶。人们设下许多毒饵和陷阱，偷猎者更将美丽的云豹皮当做大发横财的商品。在台湾被日本殖民统治时期，当地曾有一年内捕获 24 只云豹的记录。除了皮毛招来的横祸，当亚洲的老虎逐渐濒危，云豹的骨骼还被当做虎骨的替代品，用以配制中药。

在古代，台湾云豹虽然也会被原住民猎杀，但当时猎人使用的是落后的弓箭和长矛，云豹遭遇袭击后，还有逃入丛林中避难的机会，使种族得以延续。可到了近代，在杀伤力如此之大的火枪面前，台湾云豹这个昔日的丛林王者，逃生的概率就很低了。

据统计，20 世纪 40 年代以前，台湾云豹的数量尚有数千只。但经历了 20

年的肆意猎杀，到 20 世纪 60 年代末，野生台湾云豹的数量已不足 10 只了。幸存的台湾云豹为了躲避人类，被迫迁往更高更冷的山区，台湾的玉山和北大武山是它们最后的栖息地。

1983 年，一只年幼的台湾云豹死于原住民猎人的陷阱中，这就是人类关于台湾云豹的最后一条确切记录。2001 年以来，科学家们连续 13 年在山林中跋涉观察，几乎踏遍了这种动物可能存在的山岭，安装了 1500 多台自动相机，却再没发现台湾云豹的踪影。

2014 年，台湾云豹被宣布已经灭绝，全岛的唯一一件完整标本被保存在台北市的博物馆里。时至今日，云豹和黑熊的故事仍被人们口耳相传，但美丽的台湾云豹已化身为人们心中一段遥远的回忆。

台湾云豹大数据

台湾云豹**科学发现于1862年**，发现者是英国生物学家史温侯。

台湾云豹的拉丁文种名是*Neofelis nebulosa brachyurus*。其中Neofelis是“**新的猫**”的意思，它由希腊文的“新”和拉丁文的“猫”两个词组成，nebulosa是“星云”的意思。

从分类学上看，台湾云豹是“**云豹**”**的亚种之一**。云豹的另外两个亚种是生活在亚洲大陆的云豹和东南亚的婆罗洲云豹。

台湾云豹是**台湾地区的特有动物**，主要栖息在台湾东部和南部的原始森林中。

台湾云豹的头颈部肌肉发达，**咬合力惊人**，可达163千克力，超过了体型比它大两倍的猎豹和雪豹。

台湾云豹是台湾岛上的**第二大食肉动物**，仅次于黑熊。它能捕食鹿、野猪、猴子、松鼠及鸟类。

台湾云豹在清晨和黄昏活动频繁，**偏向夜行性**。

台湾云豹具有**敏锐的视觉、嗅觉和听觉**。它的胡须灵敏，能在夜间收集触觉信息。

台湾云豹会通过**抓树干、喷尿液**等行为来**标记地盘**，领地面积可达数平方千米。

台湾云豹**有黄褐色的皮毛**，额头到肩部有许多道黑色条状斑，身体两侧有华丽的云朵状花纹，故而得名**“乌云豹”“荷叶豹”**。

台湾云豹**有30颗牙齿**，它的**犬齿长度比例在猫科动物中排名第一**，其犬齿呈圆锥形，舌面和唇面有明显的血槽，与史前已灭绝的剑齿虎相似，因此有**“小剑齿虎”**之称。

台湾云豹的头骨狭长，下颌较短，嘴巴能张开到接近90度角，这个角度**大于绝大多数现生猫科动物**。

台湾云豹**雄性的体型通常比雌性大**。

台湾云豹的**吼叫声与老虎、狮子相似**，但它不会像猫一样发出呼噜声。

台湾云豹经常**在树上休息和狩猎**，但它在地面狩猎的时间要更长。

台湾云豹能**用宽大的爪子和长尾巴保持平衡**，潜伏在树上，当猎物从树下经过时，便飞扑而下。

台湾云豹通过**咬住猎物的后颈，切断脊柱**来制服猎物。吃肉时，它以锋利的牙齿咬住猎物，再用力摇晃脑袋，将肉撕下来。

台湾云豹纵身一跃**可达 4.6 米远**。

除了繁殖期外，台湾云豹**偏爱独居**。

台湾云豹是森林中的**顶级掠食者**，但黑熊和野猪可能对它造成威胁。

台湾云豹在野外环境中能活 **11～13 年**，在人工饲养状态下寿命较长，能活 12～17 年。

台湾云豹在 **2～3 岁时达到性成熟**，怀孕期 85～95 天，一胎产 2～5 只幼崽。小云豹刚出生时只有 140～170 克，**出生后 10 天能睁开眼睛**，哺乳期约为 5 个月。

森林中的**大树洞或者灌木茂密的隐蔽处**，是台湾云豹的生产和育幼场所。

台湾云豹**灭绝于 1983 年**，灭绝的主要原因是森林被砍伐和皮张贸易。此外，人类以云豹肉为食，以其爪子和牙齿做装饰，以其骨骼替代虎骨制药，宠物贸易也曾是威胁其生存的因素。

台湾地区邮政部门曾发行过以濒危哺乳动物为主题的邮票，**台湾云豹名列其中**。

分类	偶蹄目、鹿科
头身长	约 1.8 米
肩高	约 1.1 米
尾长	约 10 厘米
特征	耳朵很大，鹿角分杈非常多

暹罗鹿

华丽鹿角引来杀身之祸

放眼东南亚，在古称“暹罗”的泰国境内，曾经有一种叫“暹罗鹿”的鹿科动物。这种鹿以沼泽为家，以水草和嫩叶为食，鹿角华丽异常。暹罗鹿单角的长度可超过 70 厘米，双角的角尖可多达 33 个，优美而刚毅的鹿角曲线，宛如与生俱来的王冠。

可如今，这种神秘而美丽的鹿类已经灭绝，只留下一段故事，尘封于历史的记忆中。

全世界现存的鹿类约有 50 种，它们都是温顺、胆怯的食草动物。在亚欧大陆上，鹿类家族占据了广阔的生存空间，其生态地位相当于非洲大陆的羚羊。

鹿角是骨质的，和人体的骨骼相仿。多数鹿类雄性长角，雌性不长角。鹿角在每年的特定时期脱落，随后重新生长。第二年新长的角比前一年的更大，枝杈更多。

6 月到 10 月是泰国的雨季，一年中 85% 的降水量都集中在这个时期。来势汹汹的大雨使湄南河洪水泛滥，泥沙沉积造就了肥沃的沼泽平原。这片在人类看来举步维艰的泥泞之地，是一百多年前暹罗鹿最后的家园。

奔流的洪水逐渐上涨，将沼泽隔断成一块块沙洲。没能跑到高地避险的暹罗鹿彼此簇拥着，聚集在沙洲中央，静静等待洪水退去。鹿群是一个小家庭，作为“一家之主”的雄鹿看护着妻儿。它头上招摇的鹿角是炫耀、角斗的利器，但也极易引来人类的狙击。

自古以来，泰国人为了获取鹿角猎杀暹罗鹿，不仅是因为鹿角形态美丽，质地坚硬可做工具，还因为鹿茸、鹿角是名贵的中药材，经济价值极高。

猎人们骑着水牛，撑着小船，形成包围之势，将鹿群驱赶向深水区。一旦到达深水区，再灵巧的动物也无法奔跑自如。人们穷追不舍，再以弓箭、长矛将鹿逐一杀死。虽然残酷，可这种传统的猎杀方式不至于将暹罗鹿斩尽杀绝。直到19世纪60年代，暹罗鹿还保持着一定数量。但此后不久，火枪的使用大大提高了狩猎效率，人口增加，贸易发展，人们对鹿角、鹿皮、鹿肉的需求在不断增长。

一声震耳欲聋的枪响，远处沙洲上的雄鹿应声倒下，受惊的母鹿和幼鹿四散奔逃，但洪水阻隔了它们的去路。在这孤岛般的沙洲上，鹿群俨然成了活靶子，人类只要轻轻扣动扳机，就能将其一网打尽。在那个没有动物保护意识的年代，人类的过度捕杀让暹罗鹿的数量快速减少。

即便从枪口下侥幸逃生，暹罗鹿仍面临重重危机。步入近代，它们世代栖息的沼泽正悄然发生变化，人类活动加剧，公路、铁路抵达，改变了自然的样貌。

19 世纪末期，泰国已经成为大米的国际贸易出口国。为了促进农业发展，扩大水稻种植面积，湄南河流域大片的天然沼泽被改造成水田，原本生活在这里的动物失去了家园。

背井离乡的暹罗鹿来到农田里觅食，绿油油的秧苗很适合它们的口味。但这里四下毫无遮蔽，直接暴露在农夫的视野中，那些对动物毫无怜悯的人，为保护作物而拿起了猎枪。有些暹罗鹿藏进了茂密的森林，却不能适应那里的环境。它们枝杈繁多的鹿角显然不适合在密林里穿行，哪怕在湿地平原上，它们也尽量避免去水草高而茂密的地方。

到了 20 世纪初，暹罗鹿的数量已经十分稀少，少量劫后余生的暹罗鹿，零星出现在泰国中部。即使这样，政府也没能采取有效的保护措施。

1931 年，最后一只野生的暹罗鹿被射杀。1938 年，最后一只人工饲养的暹罗鹿被殴打致死。谁能想到，原本号称“全世界最美鹿类”的暹罗鹿，竟会从此销声匿迹，令人扼腕叹息。

暹罗鹿大数据

暹罗鹿**科学发现于1863年**，发现者是英国动物学家爱德华·布莱。

暹罗鹿的拉丁文学名是*Rucervus schomburgki*，意思是"**尚伯克的沼鹿**"。尚伯克是指罗伯特·赫尔曼·尚伯克，他是当年有名的博物学家、英国驻泰国领事。

暹罗鹿是**泰国的特有物种**，仅生活在泰国中部、南部的沼泽地带，例如湄南河河谷。

暹罗鹿的**身体轮廓像梅花鹿**，而且体型更大。

暹罗鹿的**皮毛没有斑点**，**毛发长度约为5厘米**。夏季毛发为金红棕色，腹部颜色浅，背部中央有一道棕色的脊线；冬季毛发颜色较浅，而且较厚。尾巴内侧和喉部为白色。

暹罗鹿有**宽大的蹄子**，方便在泥泞的湿地中行走。

暹罗鹿**雄性有角，而雌性无角。**

在人类已知的所有鹿类中，暹罗鹿拥有**枝杈最多的鹿角**，双角角尖通常有16~20个，最多可达33个，它曾被誉为"**世界上最美丽的鹿**"。

暹罗鹿是**群居动物**，鹿群常由一头健壮的雄鹿、几头成年母鹿和几头幼鹿组成。

据记录，雄性暹罗鹿的叫声是**短促的高音**。

暹罗鹿**不怕水**，它将水域当成庇护所。察觉到来自岸上的威胁时，它会向水边奔跑。

暹罗鹿的**食物**主要是**草和水生植物**，比如芦苇、白茅等。

雄性暹罗鹿在**2月脱角**，以此推测，这种鹿的繁殖期可能在每年的年底。

暹罗鹿的**天敌**可能是**暹罗鳄、虎和豹**。

1863年，泰国中部的暹罗鹿**数量还相当多**。

历史上少数暹罗鹿被送到德国汉堡、法国巴黎的动物园展览，可惜它们不适应笼舍环境，**没能繁衍下去**。

1911 年，一只年老的暹罗鹿在德国柏林动物园死去。这头鹿原是泰国官员**赠送的礼物**，为了感谢德国人对泰国铁路的督造。

暹罗鹿**灭绝于 1938 年**，灭绝原因包括赖以生存的栖息地被开垦成农田，美丽的鹿角招致人类的杀戮。

世界上**仅有 1 具完整的暹罗鹿标本**和一些头骨、鹿角。暹罗鹿的完整标本收藏于法国巴黎自然历史博物馆。

暹罗鹿**曾留下一些照片**，摄影对象主要是 1899 年至 1911 年间生活在德国柏林动物园的一头雄鹿。

1990 年，一位卡车司机捡到了一对鹿角，并把它们卖给了老挝北部的药店。1991 年 2 月，这对形状奇怪的鹿角引起了一位科学家的注意。经过鉴定，这可能是一支脱落时间不长的暹罗鹿的鹿角。世界上是否还有幸存的暹罗鹿？这**至今是一个谜**。

分类	食肉目，猫科
头尾长	2.4～2.9 米
体重	85～135 千克
寿命	10～25 年
特征	黑色条纹又窄又密，腹部皮毛松弛

180cm

0cm

新疆虎

中亚生态破坏的见证者

1899 年，博物学家斯文 · 赫定在瑞典国王及好友诺贝尔的资助下，开始了他在新疆罗布泊地区的第二次科学考察。赫定在古城喀什准备了一支驼队，带上许多科考设备和物资，在当地向导的带领下，毅然向着塔克拉玛干沙漠出发了。进入沙漠后，赫定终于感受到了造物主的神奇。这是一片怎么走也走不到尽头的沙海，眼前除了连绵起伏的沙丘，真的看不到任何生机。

小贴士

罗布泊位于新疆塔里木盆地东部，曾是中国内陆第二大咸水湖。从天空俯瞰，它的形状宛如耳朵，因此被誉为“地球之耳”。罗布泊西临中国最大沙漠——塔克拉玛干沙漠，气候异常干燥炎热，又被称为“死亡之海”

斯文·赫定（1865年—1952年），瑞典地理学家、探险家、摄影师。他一生执着于探索中亚的未知领域，曾先后三次远征新疆塔里木盆地。在1899年—1902年第二次远征中，他发现了震惊世界的楼兰古城，留下了关于新疆虎的宝贵记录。为纪念他的成就，地球上的一座冰川和月球上的一处火山口均以斯文·赫定的名字命名。

斯文·赫定的日记记载了当时的情况："又一个圣诞节在戈壁荒原上度过，西域冬天的夜晚气温降到了零下20多度，侵入骨髓的寒冷针蚀着我的身体。淡水早已用光，食物也越来越少，骆驼一峰接一峰倒下，只好收集积雪融化成的一点水来喝。派出去采购补给的小分队迟迟不见音讯。"

赫定试着向过往的驼队购买食物和水，但这些旅人非常吝啬——在这茫茫沙漠之中，没有人敢保证自己能顺利走出去，每一口食物和水，都是性命攸关的。过往的驼队消失在远方，赫定只能摇头叹气。他感觉自己像是被困孤岛的水手，身畔千帆过尽，却没有一只小船前来搭救。第二天早上，心灰意冷的赫定换上了相对整洁的衣服，如果注定要死在这里，至少该体面一些。

但上天还是眷顾这位伟大的冒险家的。就在此时，天空中飞过了两只水鸟，赫定的眼睛忽然一亮。他循着水鸟的影子踉踉跄跄爬过一座沙丘，居然看见了一泓水塘。

这不是海市蜃楼！赫定连滚带爬地跑到水边，双手捧起甘甜的泉水。他猛地掬起一捧水扑在脸上，又急不可待地趴在地上痛快豪饮。这下，他和他的驼队得救了！

由于在沙漠中损失了大部分物资，赫定一行人再也不敢离开水塘。他们钻木取火、下水捕鱼，甚至啃食草根、树皮，只为能多活一天。直至某日，一个牧羊人路过此地，赫定等人才终于得救，逃出了这片死亡之海。

来到牧羊人的村庄，村民们对这些外来者十分好奇。当他们得知，赫定渴望见到新疆虎，所有人都露出了吃惊的表情。

在罗布泊寻找老虎并非异想天开。早在二十多年前，俄国探险家普尔热瓦尔斯基就曾在这里见过虎。1876 年，普尔热瓦尔斯基在罗布泊宿营的第一夜，震耳的虎啸声将人和马全部惊醒。同年深秋，他在塔里木盆地的小村庄里住了 8 天，还参加了猎虎队，亲眼看见受伤的老虎走回森林。他曾描述："那里的老虎就像伏尔加河的狼一样多。"

然而，令赫定失望的是，村民们无奈地笑着告诉他，时光飞逝，人非物换，新疆虎在罗布泊早已是凤毛麟角了。

罗布泊的上游是中国第一大内流河塔里木河。历史上，这里也曾水美鱼肥，森林茂密，生活着数不清的食草动物。而虎的存在就是生态环境优良的标志。虎以食草动物为食，控制着这里的生态平衡，保障了草木的繁盛。

但由于气候变化，塔里木河的水量逐年减少，罗布泊严重沙漠化。昔日茂盛的森林被黄沙侵蚀，食草动物数量不足，老虎不得不铤而走险袭击人和牲畜，这招致了人对虎的仇恨。人们看准新疆虎的必经之路，沿途设下大型捕兽夹。老虎一旦中计，万钧的力量无处施展，只能放声哀号，苦苦挣扎。

村民口口相传的老虎故事让赫定听得入迷。他暗下决心，一定要得到一只新疆虎。他在村里雇佣猎人，用活羊做诱饵，用铁夹和大木框制成捕兽器。陷阱已布置完成，只等老虎自投罗网。在漫长的等待之后，一阵绝望的虎啸打破了村庄的寂静。大家小心翼翼，缓缓扒开茂盛的草丛，只见一头新疆虎落入了陷阱。人们合力将虎杀死，赫定又将其制成标本，这件标本现存于瑞典的国立博物馆中。

从 1876 年普尔热瓦尔斯基的新疆探险，到 1899 年斯文·赫定的寻虎之旅，短短数十年间，新疆虎的数量急剧减少。这其中除了气候变化的原因，还有人类与虎的矛盾。

随着新疆地区的人口不断增加，森林砍伐、水利兴修、土地开垦的规模也在扩大，当地脆弱的生态环境急速恶化。更加可悲的是，在当时的人眼中，虎的经济价值非常高，全身几乎都是宝：虎骨能泡酒，虎皮能制毯，连虎须都能作为茶余饭后吹牛的资本。

赫定在他的笔记中描述了当地人的杀虎方法，除了设陷阱，还有人用毒饵毒杀老虎，或者一群猎人占据有利地形对虎进行围猎，再或者在冬天把老虎赶到冰冷的河水里，驾着小船进行追赶，待老虎筋疲力尽后将其捕杀……

1927 年，一位名叫艾米尔·特林克勒的德国探险家来到罗布泊。当地人告诉他，已经有二三十年没怎么见过老虎了。他只好乘兴而来，败兴而归。

1934 年，斯文·赫定又来到塔里木地区，这次却没能找到虎的踪迹。当地人对虎的记忆停留在十多年前。一位当地的老人回忆说，多年前，一只很老的老虎慢慢吞吞地沿着河岸的林地向塔里木河上游走了。赫定失望地推测，可能新疆虎已经绝迹了。

如今，人们通常认为，最后一只新疆虎是在 1916 年前后被猎人打死的。20 世纪 80 年代，世界其他地区的里海虎也走向了灭绝。虎，在中亚地区繁盛了千万年，最终在环境变化和人类猎杀的压力下，从原来的家园消失了。

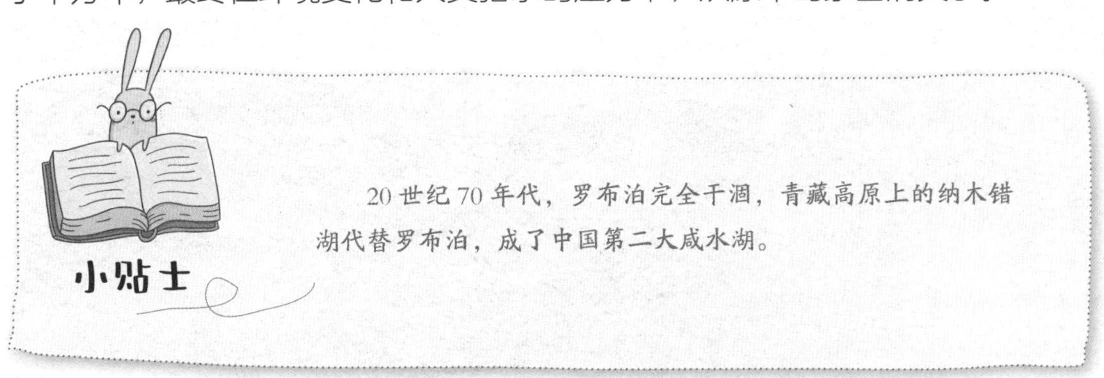

20 世纪 70 年代，罗布泊完全干涸，青藏高原上的纳木错湖代替罗布泊，成了中国第二大咸水湖。

新疆虎大数据

新疆虎**科学发现于 1815 年**，发现者是德国动物学家约翰·卡尔·威廉·伊利格。

新疆虎的拉丁文名字是*Panthera tigris virgata*，大意是“**像锋利尖锐的箭**”。这也许是指老虎的尖牙利齿和超凡的爆发力。

尽管狮子被人称为“百兽之王”，但实际上，狮子并非最大的猫科动物，不论从体长到体重，虎都是最大的。因此，虎才是“**最大的猫**”，最大的猫科动物。

大约 200 万年前，**虎起源于中国**，然后向亚洲的其他区域扩散，逐渐演化为华南虎、东北虎、孟加拉虎、印度支那虎、马来虎、苏门答腊虎、里海虎（新疆虎）、爪哇虎和巴里虎 9 个亚种

新疆虎曾是历史上**第三大的老虎**，体型仅次于东北虎和孟加拉虎。雄虎体长可达 2.9 米，雌虎体型较小，体长也可达 2.6 米。

新疆虎**外形像东北虎**，但是毛色较浅，腹部皮毛宽松。黑色条纹是虎的保护色。

新疆虎主要**分布于天山西坡、塔克拉玛干地区**的河谷以及里海沿岸。

新疆虎生活在林深草密之处，**有严格的领地**，不轻易走进人类的生活区。

所谓“一山不容二虎”，虎是**独居动物**，一只虎的活动范围一般在数十平方千米到数百平方千米。

新疆虎是**大型食肉动物**，几乎没有天敌。它一般不伤害人畜，偏爱吃森林中的野猪、鹿、兔子，有时甚至吃狼。

成年虎可以**两周不吃东西**，也能一次吃下 34 千克肉。

短距离冲刺时，虎的**时速可达 65 千米**，这相当于**每秒跑 18 米**。

虎的跳跃高度可**达 10 米**。

人们曾观察到**虎拖拽野牛的尸体**，它独立拖拽 12 米后暂时离去，在此之后 13 个成年男子打算合力拖动野牛，但没有成功。

虎的咆哮声可**传出 3 千米远**，低声呻吟可传出 400 米远。

虎很**善于游泳**，能横渡 7 千米宽的河流，一天能在水中游约 29 千米。

虎是中国**国家一级保护动物**。国家严格禁止虎和虎制品的出口、出售、收购、运输、携带、邮寄。严格禁止虎骨入药。

新疆虎**灭绝于 1916 年**，灭绝原因是生存环境改变和人类的捕杀。

在 19 世纪末期，全世界的野生老虎大约还有 10 万只。但到了 20 世纪，里海虎、爪哇虎和巴厘虎 3 个虎亚种相继灭绝。截至 2020 年，世界自然基金会估测**全球仅存 3900 只野生虎**。

分类	奇蹄目、犀科
头身长	2～4 米
肩高	1～2 米
体重	0.6～4 吨
寿命	35～50 岁
特征	短柱般的四肢，全身披以铠甲似的厚皮，吻部上面长有单角或双角

中国犀牛
犀甲坚韧难挡滥杀

从远古时代起，犀牛便和人类生活在一起，它们曾经广泛分布于中国的南方。在浙江余姚河姆渡遗址等多地都有犀牛的遗骸出土。在历史上，相当长的一段时期内，中国的气候比现在温暖湿润，有广阔的沼泽和茂盛的植被，是犀牛的理想栖息地。

小臣艅犀尊，出土于山东寿张，现藏于美国旧金山亚洲艺术博物馆，是商代晚期的青铜器，栩栩如生地刻画了一头苏门答腊犀牛，说明当时犀牛是常见而且受欢迎的动物。

错金银云纹铜犀尊，出土于陕西兴平豆马村，现藏于中国国家博物馆，据推测是西汉时期的器物，它更形象细致地表现了苏门答腊犀牛的特点。

中国犀牛并不是单指一种动物，而是曾经在中国生活的三种犀牛——印度犀、爪哇犀和苏门答腊犀的统称。

小贴士

犀牛是奇蹄目犀科动物的总称，目前世界上有五种犀牛，分别是生活在非洲的白犀、黑犀，分布于亚洲的印度犀、爪哇犀和苏门答腊犀。

白犀——最大的犀牛。吻后具有一大一小两个角。分布于非洲南部和中部。
（体长3.3~4.5米，肩高1.5~1.8米，体重达1.4~5吨，为犀科中最大物种）

黑犀——黑犀牛体型比白犀稍小一些，也有两只犀角。分布于非洲东部和南部。
（体长3~3.7米，肩高1.2~1.8米，体重约1.5吨）

中国犀牛

苏门答腊犀——体型最小的犀牛，具有两个角。分布于苏门答腊等地。
（体长约2米，肩高约1米，体重约600千克，体型最小的犀牛）

印度犀——体型第二大的犀牛，只有一个角。分布于尼泊尔和印度东北部。
（体长2.1~4.2米，肩高1.1~2米，体重2~4吨）

爪哇犀——只有雄性有一个角，雌犀牛没有角。分布于越南和爪哇岛。
（体长2~4米，肩高1.5~1.7米，体重1.5~2吨）

经过漫长的变迁，中国的气候越来越干冷，而犀牛是一种喜欢温暖气候的动物，寒冷的气候使它们被迫南迁，分布范围也越来越小。犀牛体型笨重、繁殖能力低等特点，也造成它们对环境的适应能力较弱。而人类对犀牛的猎杀和对其栖息环境的破坏，导致了它们在中国的区域性灭绝。

小贴士

区域性灭绝，也叫局部灭绝，是指一个物种在某个地理区域中已经灭绝，但这个物种仍可能在其他地区存在。与全球性灭绝不同的是，区域性灭绝可以从其他地区引种来恢复种群。

犀牛最古老也是最广泛的用途，便是用于制作“犀甲”。犀牛的皮坚韧厚实，是制作精良铠甲的优质原料。在金属铠甲普及之前，犀甲被广泛用于战争中。尤其是在连年征战的春秋战国时期，大量犀牛被滥肆捕杀。

小贴士

《国语》中记载“今夫差衣水犀甲者，亿有三千”。

屈原所作《楚辞·九歌·国殇》中写道：“操吴戈兮披犀甲，车错毂兮短兵接。”

即便后来犀甲被铁甲所取代，犀牛的悲惨境遇也并没有出现转机。自然环境的变化、人类的猎杀和对犀牛栖息地的破坏，导致犀牛分布范围变小和种群数量减少。在很多地方，犀牛成了难得一见的动物。物以稀为贵，犀牛和犀牛角被当做奇珍异宝，除了制作工艺品之外，人们还认为犀牛角具有神奇的药用价值。

古人对于医药学的理解，往往带有一定迷信色彩。他们认为犀牛食百草而不会中毒，是因为犀牛角具有解毒的功效。自春秋战国时期开始，犀牛角被做成饮酒用的器皿——觥，古人认为犀牛角能溶于酒内，饮用对身体有益。时至今日，很多人还认为犀牛角是一种珍贵的清热凉血的药材。

唐宋时期，中国野生犀牛的数量已经急剧减少，而社会需求却不断上升。此时，东南亚地区有着数量众多的犀牛，繁荣的犀牛角市场刺激了中国与东南亚的贸易往来。犀牛角巨大的价值甚至被作为财富的象征，犀牛角在黑市上的价格甚至与黄金相同。

明清时期，犀牛的栖息地不断往西南方向缩减，云南成了中国犀牛最后的家园。但人类砍伐树木、垦荒种地，建造城市、村庄，不仅占据了犀牛的活动空间，也将犀牛的领地彼此隔断，犀牛之间难以交流、繁殖，种群维持越来越困难。

最后一只中国犀牛于 20 世纪中期被捕杀。中国犀牛的故事至此结束。但如今，东南亚幸存下来的犀牛仍在遭遇磨难。也许有一天，人们真正认识到犀牛角只有在犀牛的身上才能发挥作用，犀牛的未来才能改变。

小贴士

2010 年，世界自然基金会南非办公室将每年的 9 月 22 日定为“世界犀牛日”，旨在通过开展各种形式的生态环保活动，号召人们保护犀牛及其他珍稀的野生动物。

人类为了我们的角已经杀死好多同伴了，你已经算走运的啦，捡回了一条命。
是呀，不过没有了角做武器，总觉得没有安全感。

我们把犀牛的角锯下来，希望偷猎者不要再追杀它们了。
希望如此吧。

中国犀牛大数据

中国犀牛是**奇蹄目犀科中三种犀牛的统称**，包括印度犀、爪哇犀和苏门答腊犀。

犀科的拉丁文名学是 *Rhinocerotidae*，直译成中文是"**鼻子上长角**"。

中国犀牛的英文名"rhinoceros"源于希腊语"rhinokerōs"，意思是"**鼻子上有角**"。

虽然犀牛的名字里有"牛"字，而且有角，但**犀牛和家牛并非近亲**。分类学上，犀牛属于奇蹄目，前后肢均是三趾。牛属于偶蹄目，蹄子有四趾。

中国犀牛曾生活在**亚洲南部和东南亚**，栖息环境包括草原、沼泽、雨林等。

中国犀牛身体粗壮、头部硕大、四肢短粗，全身覆有灰色的厚皮肤，鼻梁部位有**实心的独角或者双角**。

犀牛角终生生长，如果受损、脱落还能够再生。

犀牛角的**中心处有一缕白色条纹**，从底部贯通至角尖。古人认为犀牛角能够"出气通天"，唐朝诗人李商隐的名句"心有灵犀一点通"便由此而来。

中国犀牛的**视力很差**，但是嗅觉和听觉灵敏。

犀牛的**奔跑速度比较快**，每小时可达55千米。

中国犀牛的皮肤虽然坚硬，但**褶皱里的皮肤却十分娇嫩**，它们常需要在泥潭中打滚，浑身裹满泥保护自己不被寄生虫叮咬。

中国犀牛是**独居动物**，喜欢在凉爽的早晨和黄昏活动。

每只成年中国犀牛都有**属于自己的领地**，它们需要占据相当面积的领地才能吃饱饭。

犀牛的**孕期约为15个月**，刚出生的犀牛幼崽可能与成年的人类男性一样重。

出生后，犀牛幼崽需要母亲照顾**三年左右**才能独立生活。

中国犀牛主要吃草类、树叶、嫩枝、野果等，它**一天中的大部分时间都在吃东西**。

一头成年犀牛每天会排出约**20千克**粪便。

成年中国犀牛**没有天敌**，幼年犀牛可能会成为大型猫科动物、鳄鱼等的猎物。

犀牛**极少主动袭击人类**。但有时犀牛会驱赶、冲撞汽车，造成交通事故。

犀牛于**20世纪50年代在中国区域性灭绝**。灭绝原因是，气候的变化导致犀牛分布范围不断减小，人类对犀牛的捕杀以及对生态环境的破坏导致其快速消失。